职业教育课程改革创新规划教材

单片机基础与技能实训

郑祥仲　黄宗放　主编

電子工業出版社
Publishing House of Electronics Industry
北京・BEIJING

内 容 简 介

本书是为了适应职业学校电类专业课程改革的需求而编写的。以国内最流行的 51 系列中的 AT89S51（AT89C51）为例，通过初识单片机、点亮发光二极管、制作节日彩灯、制作定时器、制作消防车报警器、制作抢答器、制作 DA/AD 转换电路、制作温度显示器和单片机综合实训九个项目，整合单片机的基础知识和基本技能。

本书的每一项目包括项目目标、项目内容、项目进程、项目检测四部分，每个任务根据行动导向教学模式设置任务情境、任务描述、计划与实施、练习与评价、任务资讯五个环节。力求做到目标先导、以情激趣、任务引领、及时评价，体现“做中学”的教育思想。

本书可作为职业学校电子电工、机电、电气自动化、通信等专业的教材，也可作为电子技术爱好者的自学教材。

图书在版编目（CIP）数据

单片机基础与技能实训 / 郑祥仲，黄宗放主编．—北京：电子工业出版社，2017.6

ISBN 978-7-121-30238-1

Ⅰ．①单… Ⅱ．①郑… ②黄… Ⅲ．①单片微型计算机—职业教育—教材 Ⅳ．①TP368.1

中国版本图书馆 CIP 数据核字（2016）第 262016 号

策划编辑：蒲　玥
责任编辑：裴　杰
印　　刷：北京中新伟业印刷有限公司
装　　订：北京中新伟业印刷有限公司
出版发行：电子工业出版社
　　　　　北京市海淀区万寿路 173 信箱　邮编　100036
开　　本：787×1 092　1/16　印张：12.25　字数：313.6 千字
版　　次：2017 年 6 月第 1 版
印　　次：2017 年 6 月第 1 次印刷
定　　价：28.00 元

凡所购买电子工业出版社图书有缺损问题，请向购买书店调换。若书店售缺，请与本社发行部联系，联系及邮购电话：（010）88254888，88258888。

质量投诉请发邮件至 zlts@phei.com.cn，盗版侵权举报请发邮件至 dbqq@phei.com.cn。

本书咨询联系方式：（010）88254485，puyue@phei.com.cn。

前　言

目前，职业教育正处于课程改革之中，职业教育的课程改革必须坚持“以立德树人为根本，以服务发展为宗旨、以促进就业为导向”的办学理念，体现“做中学”的教育思想。本书就是为了适应职业教育课程改革的需求而编写的。

本书以九个项目：初识单片机、点亮发光二极管、制作节日彩灯、制作定时器、制作消防车报警器、制作抢答器、制作 DA/AD 转换电路、制作温度显示器和单片机综合实训为载体，整合知识和技能，做到理论与实践一体化。内容基本涵盖了职教学生应该掌握的单片机基础知识和基本技能。

本书具有以下特色：

（1）创新性：首先是结构新，本书取消了传统教材的章节结构，设置了教学项目和任务，把专业知识和技能落实到具体的项目和任务中，通过项目引领任务驱动教学进程，让学生在任务的实施中获取知识，习得技能。其次是内容新，在本书的编写过程中，编写人员有意识的联系当前的社会实际，及时吸收新理论、新知识、新技术、新工艺。

（2）趣味性：本书以职教学生的生活和学习经历为背景，体现生活化的原则。教学项目大都来自学生的生活和学习实际，或者是学生熟悉的和感兴趣的产品，如节日彩灯、报警器、带日历的笔筒等。任务情境尽量模拟学生真实的学习、实习和日常生活情景，力求使科学性和职业性、实践性、趣味性相统一。

（3）多用性：本书按行动导向教学原则编写，通过任务情境、任务描述、计划与实施、练习与评价、任务资讯呈现学习内容，展开教学和学习过程，实施及时评价。让师生共同参与教学过程，渗透合作学习理念。力求做到教材、教案和导学案三合为一，方便教师教学和学生学习。

（4）多维性：本书不仅注重巩固知识、突出技能，还通过情境模拟、总结评价渗透个人品德、职业道德和社会公德教育。以期在使用本书的教学过程中既能落实专业能力目标，又能落实方法能力、社会能力和个性能力目标，切实提高学生的综合职业能力。

本书的编写力求新颖和实用，使之符合职业学校的教学实际和课程改革要求。本书在编写过程中参考了许多前辈和同行的研究成果，从互联网上下载了一些图片和资料，并得到了浙江省瑞安市教师发展中心、苍南县龙港第二职业高级中学领导和同事的大力支持，在此一并表示感谢。但由于编写时间仓促，编者的视野和水平有限，书中难免有疏漏甚至错误，恳请广大读者批评指正。若有意见和建议，请发电子邮件至 hzf5019@126.com，不胜感激。

编　者

2016 年 6 月

目　录

项目一　初识单片机

项目目标

（1）体验到单片机的神奇应用，认清单片机的内、外部结构，知道单片机开发应用的一般程序。

（2）会用二进制、十六进制表示数，并进行二进制、十进制、十六进制数之间的转换，能进行 8421BCD 编码。

（3）知道单片机最小应用系统的构成，能制作和检测该系统。

项目任务

（1）认识单片机。

（2）单片机的数制与编码。

（3）制作单片机的最小应用系统。

项目进程

任务一　认识单片机

【任务情境】

今天，祝某某家喜迁新居，新居室装修配了许多新家用电器，如全自动洗衣机、智能冰箱、微电脑控制电饭煲等一应俱全。对于这些新电器，祝某某的妈妈一下子还不知道该怎么使用，要小祝同学先看一下说明书。小祝同学也非常感兴趣，“全自动”“智能”“微电脑控制”是靠什么来实现的呢？

【任务描述】

认识 MCS-51 单片机的外形和引脚功能，了解其内部结构、简单的工作过程和应用开发系统。

【计划与实施】

一、认一认

认识图 1-1-1 所示的各种单片机。

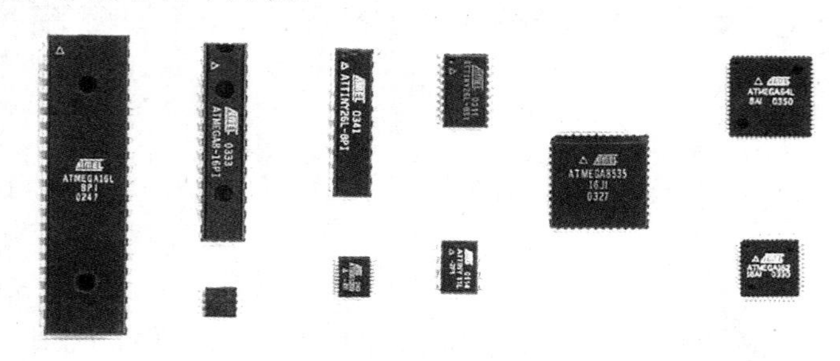

图 1-1-1　各种单片机的外形

二、标一标

在图 1-1-2 中标出引脚的符号。

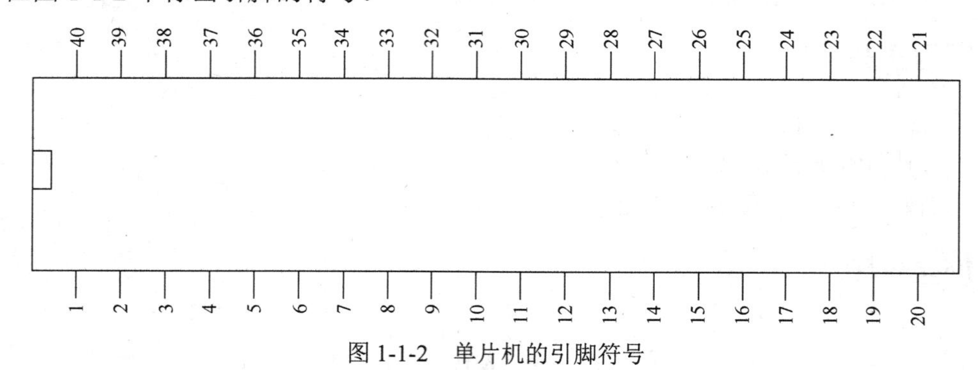

图 1-1-2　单片机的引脚符号

三、说一说

MCS-51 单片机各引脚功能。

四、画一画

MCS-51 单片机的内部结构。

五、看一看

实训室里的目标板、仿真器、编程器。

【练习与评价】

一、练一练

（1）AT89S51 单片机的 V_{SS}、RST/V_{PD}、$\overline{\text{PSEN}}$ 各是什么引脚？有什么功能？
（2）AT89S51 单片机的内部主要由哪些功能部件组成？主要功能是什么？

（3）写出你身边的应用单片机的产品。

二、评一评

请回顾在本任务进程中你的收获和疑惑，并在表 1-1-1 中写出你的体会和评价。

表 1-1-1　任务总结与评价表

<table>
<tr><td>内　　容</td><td colspan="2">你的收获</td><td>你的疑惑</td></tr>
<tr><td>获得知识</td><td colspan="2"></td><td></td></tr>
<tr><td>掌握方法</td><td colspan="2"></td><td></td></tr>
<tr><td>习得技能</td><td colspan="2"></td><td></td></tr>
<tr><td>学习体会</td><td colspan="3"></td></tr>
<tr><td rowspan="3">学习评价</td><td>自我评价</td><td colspan="2"></td></tr>
<tr><td>同学互评</td><td colspan="2"></td></tr>
<tr><td>老师寄语</td><td colspan="2"></td></tr>
</table>

【任务资讯】

一、单片机及其应用

单片机是单片微型计算机的简称，常用英文字母 MCU 表示。它是采用超大规模集成技术把具有数据处理功能的微处理器（CPU）、随机存储器（RAM）、只读存储器（ROM）、定时/计时器、输入/输出电路及中断系统等电路集成到一块芯片上，构成了一个最小而完善的计算机系统。与计算机相比，单片机只是缺少了外围设备。

单片机最早应用在工业自动控制领域，代替继电器/接触器控制、模拟/数字电路控制，能单独完成现代工业所要求的智能化控制，在测控系统、智能仪表、机电一体化产品中都有广泛的应用。目前，单片机的应用领域不断拓展，已经深入到生产、生活的各个方面，家用电器、办公设备、玩具、游戏机、汽车等的智能化都离不开单片机，单片机的应用使这些产品的功能大大增强，性能不断提高，使用越来越便捷。因此，学习单片机知识，掌握单片机应用技术，有重要意义。

二、MCS-51 单片机的外部结构

目前市场上单片机生产厂商很多，产品系列也很多，如 Motorola 公司 M68HC 系列、ATMEL 公司的 AVR 系列、中国台湾义隆公司的 EMC 系列、合泰公司的 HT 系列、海尔的 6P 系列等。下面以应用最广泛的 Intel 公司的 MCS-51 系列中的 AT89S51（AT89C51）为例介绍单片机的基础知识。

AT89S51 的实物如图 1-1-3 所示，引脚排列如图 1-1-4 所示。

由图 1-1-4 可知，AT89S51 的引脚有 40 个，可以分为电源、时钟、I/O 口、控制总线等几个部分，各引脚功能如表 1-1-2 所示。

图 1-1-3　AT89S51 单片机实物

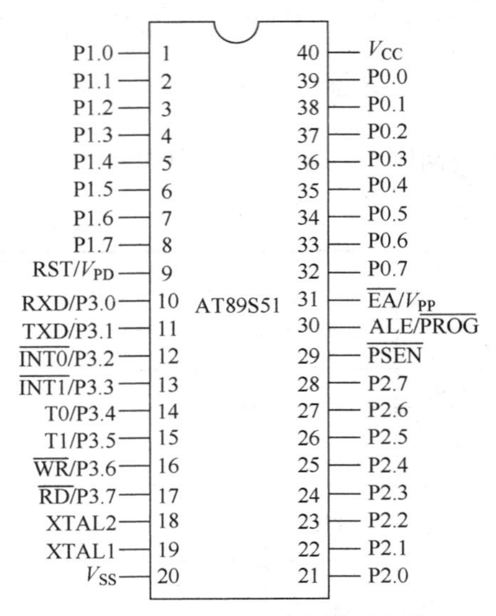

图 1-1-4　AT89S51 单片机引脚排列

表 1-1-2　AT89S51 各引脚功能

引脚编号	端口名称	功能符号	第一功能	第二功能
1	P1 口	P1.0	通用输入/输出商品	无
2		P1.1		
3		P1.2		
4		P1.3		
5		P1.4		
6		P1.5		
7		P1.6		
8		P1.7		
9	RST	RST	复位功能	V_{CC} 掉电后，此引脚可外接备用电源，在低功耗下保持着 RAM 中的数据
10	P3 口	P3.0	通用输入/输出端口	RXD（串行接收端口）
11		P3.1		TXD（串行发送端口）
12		P3.2		$\overline{\text{TNT0}}$（外部中断 0，信号输入）
13		P3.3		$\overline{\text{TNT1}}$（外部中断 1，信号输入）
14		P3.4		T0（计数器 0，脉冲输入）
15		P3.5		T1（计数器 1，脉冲输入）
16		P3.6		$\overline{\text{WR}}$ （外部存储器写控制）
17		P3.7		RD （外部存储器读控制）
18	高增益反相器输出	XTAL2	使用单片机内部振荡器时，18、19 引脚应该接晶体两端	使用外部脉冲信号时，信号应从 XTAL2 接入，此时的 XTAL1 应该接低电平
19	高增益反相器输入	XTAL1		
20	电源供电	V_{SS}（GND）	公共端（0V）	无

续表

引脚编号	端口名称	功能符号	第一功能	第二功能
21	P2 口	P2.0	通用输入/输出端口	访问存储器时，提供高位地址总线
22		P2.1		
23		P2.2		
24		P2.3		
25		P2.4		
26		P2.5		
27		P2.6		
28	P2 口	P2.7	通用输入/输出端口	访问外存储器时，提供高位地址总线
29	外部 ROM 使能端口	$\overline{\text{PSEN}}$	访问外部程序存储器时，该脚输出低电平，控制外部程序存储器（ROM）输出数据	无
30	地址锁存/烧录启动	ALE/ $\overline{\text{PROG}}$	①访问外部程序存储器时，输出高电平，锁定低 8 位地址 ②芯片正常工作时，该引脚输出 1/6 的时钟频率	在给单片机内部存储器烧录程序时，应使该引脚为低电平，用以启动烧录工作
31	内、外部存储器选择/烧录电压输入端口	$\overline{\text{EA}}$ /V_{PP}	①低电平读取外部存储器 ②高电平读取内部存储器	在执行程序烧录时，该引脚需接适合芯片的烧录电压
32	P0 口	P0.0	通用输入/输出端口	访问外部存储器时，可分别提供低 8 位地址总线和 8 位数据
33		P0.1		
34		P0.2		
35		P0.3		
36		P0.4		
37		P0.5		
38		P0.6		
39		P0.7		
40	电源供电	V_{CC}	正极（+5V）	无

三、MCS-51 单片机的内部结构

单片机的内部结构由中央处理器、存储器、中断系统及输入、输出电路等构成，MCS-51 单片机的内部结构如图 1-1-5 所示。

单片机的核心是中央处理器，简称 CPU。中央处理器主要由运算器和控制器组成。运算器执行各种算术运算和逻辑运算，控制器的作用是：根据接收到的指令或运算器的运算结果来决定或发出相应的控制信号从而完成一个个指令的提取、运算和控制任务。

振荡器能产生时基脉冲信号，为单片机各种功能部件提供统一而精确的执行信号，是单片机执行各种动作和指令的时间基准，没有了基准脉冲信号，单片机将失去执行指令的动力。MCS-51 单片机的时钟电路有两种形式：内部振荡方式和外部振荡方式，分别如图 1-1-6 和 1-1-7 所示。

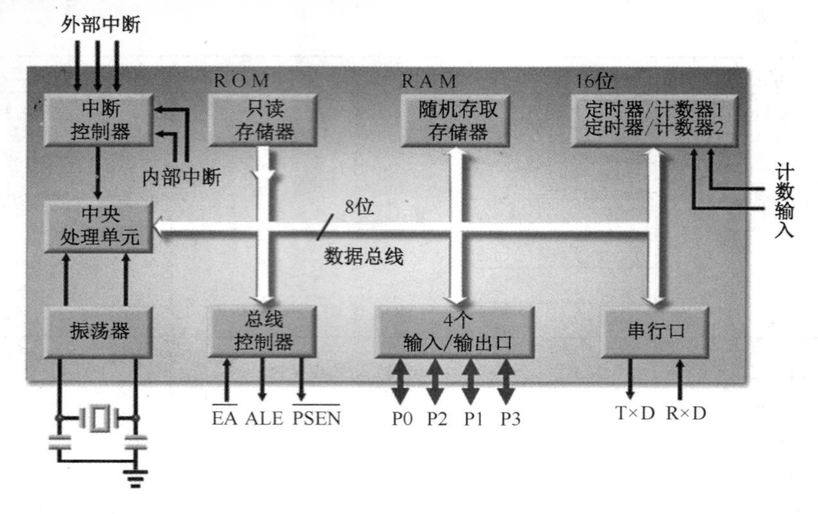

图 1-1-5　MCS-51 单片机的内部结构

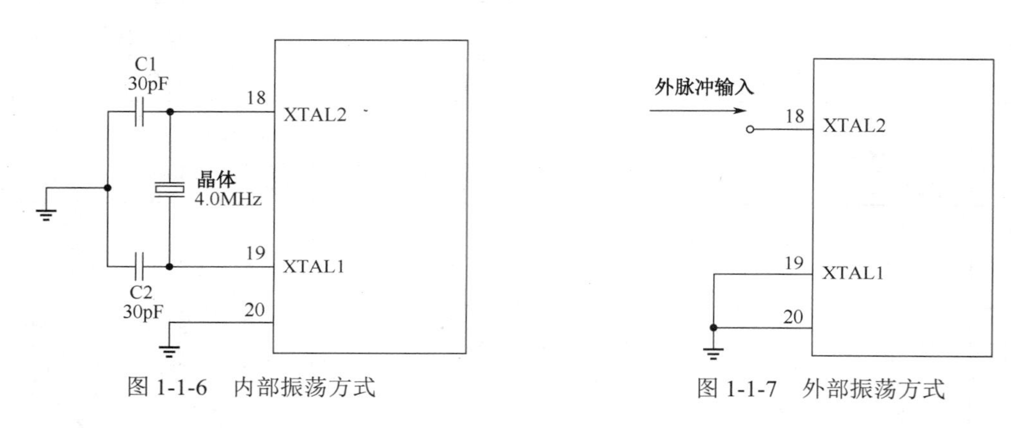

图 1-1-6　内部振荡方式

图 1-1-7　外部振荡方式

存储器 RAM 称为随机存取存储器或数据存储器，用以存储可以读写的数据，如运算的中间量、最终结果和要显示的数据等；ROM 称为只读存储器或程序存储器，用以存放程序、原始数据和表格等。

I/O 电路即输入输出电路，其作用是实现单片机与外部电路的数据交换。I/O 接口有两种，分别是并行接口和串行接口。并行接口的数据交换方式是多位同时输入或者输出，这种方式数据交换速度快，但使用的引脚多。串行接口的数据交换方式是顺序输入或输出，这种方式所需的引脚少，但速度慢。

中断是单片机与外部信息传递的方式之一，通过中断控制器可以让单片机暂时停止原程序的执行，转而执行中断请求的程序，并在此程序执行完成后自动返回到原来的程序。

四、单片机的应用开发系统

单片机不同于通用计算机，它只是一种超大规模集成电路芯片，也没有完整的外围设备和丰富的软件支持，因此它本身缺乏自行开发和编程能力。要使单片机发挥作用，必须借助开发工具来开发，直到单片机能够完成所需要的功能为止。

单片机的开发就是研制出一个目标机，使其在硬件和软件上都达到设计的要求。单片机开发系统主要由主机、仿真器和编程器等组成，如图 1-1-8 所示。

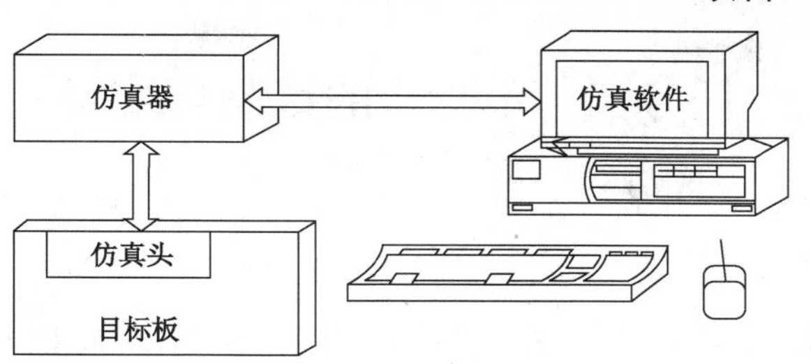

图 1-1-8　单片机应用开发系统

1. 仿真器

仿真，就是借助计算机、仿真软件和仿真器，把仿真头与目标板直接连接，模拟单片机的运行情况，实现对目标机的综合调试。仿真器是通过仿真软件的配合，用来模拟单片机运行并可以进行在线调试的工具。仿真器一端连接计算机，另一端通过仿真头连接单片机目标板，利用计算机、仿真器和仿真头代替单片机在单片机目标板上演示出程序运行效果，具有直观性、实时性和调试效率高等优点。图 1-1-9 所示为常见的仿真器。

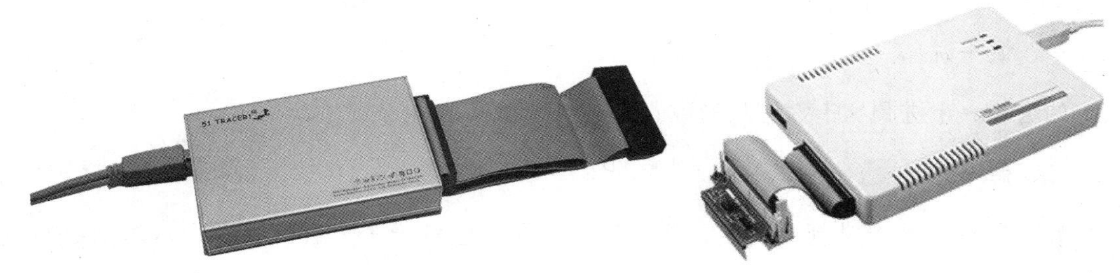

图 1-1-9　常见的仿真器

2. 编程器

程序编写完毕，经调试无误后，就可以编译成十六进制或二进制机器代码，烧写入单片机的程序存储器中，以便单片机在目标电路板上运行。将十六进制或二进制机器代码烧写入单片机程序存储器中的设备称为编程器（俗称烧写器）。图 1-1-10 所示为常见的编程器。

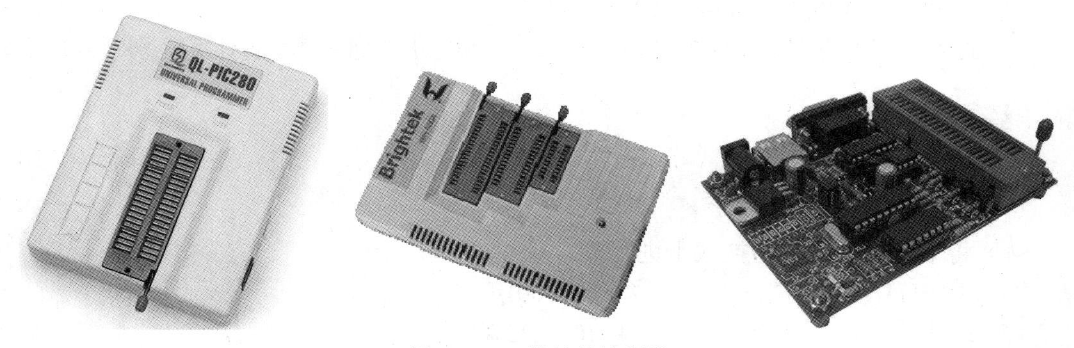

图 1-1-10　常见的编程器

任务二　单片机的数制与编码

【任务情境】

祝某某同学的妈妈很快学会了使用“全自动”“智能”“微电脑控制”的新电器，感觉非常便捷，就感慨地说：新旧电器相比，真的不是“半斤八两”哦！“半斤八两”是什么意思？

【任务描述】

知道二进制、十六进制计数方法，会用二进制、十六进制表示数，能进行二进制、十进制、十六进制数之间的转换，学会 8421BCD 编码。

【计划与实施】

一、说一说

二进制、十进制和十六进制的数码和计数规律。

二、想一想

观察任意一个十进制数的展开式，你可以写出任意一个二进制或者十六进制数的展开吗？

三、算一算

把十进制数 129.75 转换成二进制数，再转换成十六进制数。

四、议一议

（1）讨论把一个十进制数编成 8421BCD 码的方法。
（2）十进制数 129.75 的 8421BCD 码是什么？
（3）比较一下十进制数 129.75 的 8421BCD 码和它的二进制数，有什么区别？为什么？

【练习与评价】

一、练一练

（1）将下列二进制数转换成十进制数。

① $(101011)_2$　　② $(11000)_2$

③ $(1011.1011)_2$　　④ $(011011)_2$

（2）将下列十进制数转换成二进制数。

① $(86)_{10}$　　② $(138)_{10}$　　③ $(276)_{10}$

（3）将下列二进制数转换成十六进制数。

① $(101011)_2$　　② $(10110011)_2$

（4）将下列十六进制数转换成二进制数。

① $(1C)_{16}$　　② $(B7)_{16}$　　③ $(D3)_{16}$

（5）将下列十进制数用 8421BCD 码表示。

① $(49)_{10}$　　② $(362)_{10}$　　③ $(859)_{10}$

（6）将下列 8421BCD 码表示为十进制数。

① $(01101000)_{8421BCD}$　　② $(100100010101)_{8421BCD}$

③ $(001001111000)_{8421BCD}$　　④ $(0101.0100)_{8421BCD}$

二、评一评

请回顾在本任务进程中你的收获和疑惑，并在表 1-2-1 中写出你的体会和评价。

表 1-2-1　任务总结与评价表

内　容		你的收获	你的疑惑
获得知识			
掌握方法			
习得技能			
学习体会			
学习评价	自我评价		
	同学互评		
	老师寄语		

【任务资讯】

一、数制

计数体制是指表示数值大小的各种计数方法，简称数制。

“逢十进一”的十进制是日常生活中常用的一种计数体制，而单片机中采用的是二进制和十六进制。

1. 十进制

在日常生活中，通常用十进制数来记录事件的多少。在十进制数中，每一位可有 0～9 十个数码，所以计数的基数是 10。超过 9 的数必须用多位数表示，其中低位和相邻高位之间的关系是“逢十进一”，故称为十进制数。

例如：

$$505.64 = 5\times10^2+0\times10^1+5\times10^0+6\times10^{-1}+4\times10^{-2}$$

式中，每一个数码分别有一个系数 10^2、10^1、10^0、10^{-1}、10^{-2}，这个系数被称为权或位权。

任意一个十进制数可表示为

$$(N)_{10} = a_{n-1}\times10^{n-1}+a_{n-2}\times10^{n-2}+\cdots+a_1\times10^1+a_0\times10^0+a_{-1}\times10^{-1}+ a_{-2}\times10^{-2}+\cdots+a_{-m}\times10^{-m}$$

式中，a_{n-1}、a_{n-2}、…、a_1、a_0、a_{-1}、a_{-2}、…、a_{-m}是十进制数 N 中各位的数码；$10n^{-1}$、$10n^{-2}$、…，10^1、10^0、10^{-1}、10^{-2}、…，10^{-m}是各位的权。

2. 二进制

二进制是在数字电路中应用最广泛的计数体制。它只有 0 和 1 两个符号。在数字电路中实现起来比较容易，只要能区分两种状态的元件即可实现，如三极管的饱和与截止，灯泡的亮与暗，开关的接通与断开等。

二进制数采用两个数字符号，所以计数的基数为 2。各位数的权是 2 的幂，它的计数规律是“逢二进一”。

任何一个二进制数均可展开为

$$(N)_2=a_{n-1}\times2^{n-1}+a_{n-2}\times2^{n-2}+\cdots+a_1\times2^1+a_0\times2^0+a_{-1}\times2^{-1}+a_{-2}\times2^{-2}+a_{-m}\times2^{-m}$$

式中，a_{n-1}、a_{n-2}、…、a_1、a_0、a_{-1}、…、a_{-m}是二进制数 N 中各位的数码。

2^{n-1}、2^{n-2}、…、2^1、2^0、…、2^{-m}是各位的权，2 是进位的基数。

【例 1-1】一个二进制数$[N]_2$＝10101000，试求对应的十进制数。

【解】$[N]_2=[10101000]_2=[1\times2^7+1\times2^5+1\times2^3]_{10}=[128+32+8]_{10}=[168]_{10}$

即
$$[10101000]_2=[168]_{10}$$

上式中分别使用下脚注 2 和 10 表示括号里的数是二进制数还是十进制数。

由例 1-1 可知，十进制数$[168]_{10}$，用了 8 位二进制数[10101000]表示。如果十进制数数值再大些，位数就更多，这既不便于书写，也易于出错。因此，在数字电路中，也经常采用十六进制。

3. 十六进制

在十六进制数中，计数基数为 16，有 16 个数字符号：0、1、2、3、4、5、6、7、8、9、A、B、C、D、E、F。计数规律是“逢十六进一”。各位数的权是 16 的幂，任意一个十六进制数均可展开为

$$(N)_{16}=a_{n-1}\times16^{n-1}+a_{n-2}\times16^{n-2}+\cdots+a_1\times16^1+a_0\times16^0+ a_{-1}\times16^{-1}+a_{-2}\times16^{-2}+a_{-m}\times16^{-m}$$

【例 1-2】求十六进制数$[N]_{16}=[A8]_{16}$所对应的十进制数。

【解】$[N]_{16}=[A8]_{16}=[10\times16^1+8\times16^0]_{10}=[160+8]_{10}=[168]_{10}$

即
$$[A8]_{16}=[168]_{10}$$

从例 1-1 与例 1-2 可以看出，用十六进制表示要比二进制简单得多。因此，书写计算机程序时，广泛使用十六进制。

二、不同数制间的相互转换

1. 二进制、十六进制数转换成十进制数

由例 1-1 与例 1-2 可知，只要将二进制、十六进制数按各位权展开，并把各位的加权系数相加，即可得相应的十进制数。

2. 十进制数转换成二进制数

（1）整数部分：可采用除 2 取余法，即用 2 不断地去除十进制数，直到最后的商等于 0 为止。将所得到的余数以最后一个余数为最高位，依次排列便得到相应的二进制数。

（2）小数部分：可以用乘 2 取整法，即用 2 去乘所要转换的十进制小数，并得到一个新的小数，然后再用 2 去乘这个小数，如此一直进行到小数为 0 或达到转换所要求的精度为止。首次乘 2 所得的积的整数位为二进制小数的最高位，最末次乘 2 所得积的整数位为二进制小数的最低位。

【例 1-3】将$(23.125)_{10}$转换成二进制数。

【解】

整数部分　　　　余数

2 |23 ……………… 1 ↑
2 |11 ……………… 1
2 |5 ……………… 1　（自下而上读取）
2 |2 ……………… 0
2 |1 ……………… 1
　0

小数部分

0.125
× 2
――――
0.25 ……………… 0 ↓
× 2
――――
0.5 ……………… 0　（自上而下读取）
× 2
――――
1.0 ……………… 1

所以，$(23.125)_{10}=(10\ 111.001)_2$。

3. 二进制数与十六进制数之间的相互转换

因为 4 位二进制数正好可以表示 O～F 十六个数字，所以转换时可以从最低位开始，每 4 位二进制数分为一组，每组对应转换成一位十六进制数。最后不足 4 位时可在前面加 0，然后按原来顺序排列就可得到十六进制数。

【例 1-4】试将二进制数$[10101000]_2$转换成十六进制数。

【解】

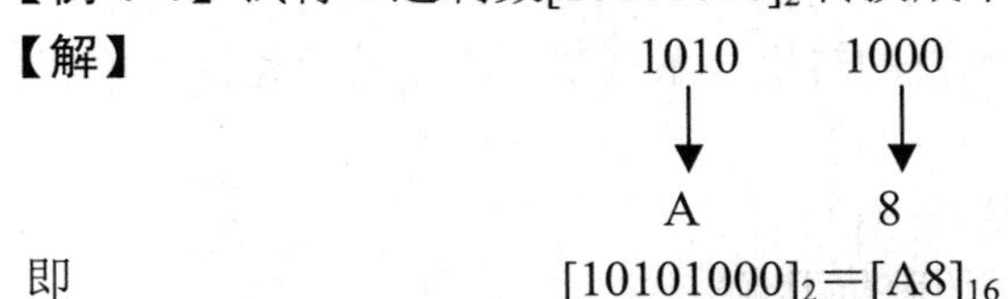

即　　$[10101000]_2=[A8]_{16}$

反之，十六进制数转换成二进制数，可将十六进制的每一位，用对应的 4 位二进制数来表示。

【例 1-5】试将十六进制数$[A8]_{16}$转换成二进制数。

【解】
$$\begin{array}{cc} A & 8 \\ \downarrow & \downarrow \\ 1010 & 1000 \end{array}$$

即
$$[A8]_{16} = [10101000]_2$$

三、编码

用文字、符号、数码表示特定对象的过程称为编码。用二进制代码表示有关对象的过程称为二进制编码。在数字系统中，各种数据均要转换为二进制代码才能进行处理，然而数字系统的输入、输出仍采用十进制数，这样就产生了用 4 位二进制数表示一位十进制的计数方法。这种用于表示十进制数的二进制代码称为二—十进制代码，简称为 BCD 码(Binary Coded Decimal)。它具有二进制数的形式以满足数字系统的要求，又具有十进制数的特点（只有 10 种数码状态有效）。

常见的 BCD 码表示有 8421BCD 码，这是一种最自然、最简单、使用最多的二—十进制码。8、4、2、1 表示二进制码从左到右各位的权。8421 码的权和普通二进制码的权是一样的。不过在 8421 码中，不允许出现 1010～1111 六种组合的二进制码，如表 1-2-2 为十进制数和 8421BCD 编码的对应关系表。8421 码与十进制数间的对应关系是直接按码组对应，即一个 n 位的十进制数，需用 n 个 BCD 码来表示，反之 n 个 4 位二进制码则表示 n 位十进制数。

表 1-2-2　十进制数和 8421BCD 编码的对应关系表

十进制数	8421BCD 编码
0	0000
1	0001
2	0010
3	0011
4	0100
5	0101
6	0110
7	0111
8	1000
9	1001

由表 1-2-2 可知，8421BCD 码与十进制数的转换关系直观，相互转换也很简单。

例如：

（1）将十进制数 75.4 转换为 8421BCD 码

$$(75.4)_{10}=(0111\ 0101.0100)_{8421\ BCD}$$

（2）若将 8421BCD 码 1000 0101.0101 转换为十进制数

$$(1000\ 0101.0101)_{8421\ BCD}=(85.5)_{10}$$

又如：

$$(563.97)_{10} = (0101\ 0110\ 0011.1001\ 0111)_{8421BCD}$$
$$(0110\ 1001.0101\ 1000)_{8421BCD} = (69.58)_{10}$$

注意：同一个 8 位二进制代码表示的数，当认为它表示的是二进制数和认为它表示的是二进制编码的十进制数时，数值是不相同的。

例如，0001 1000，当把它视为二进制数时，其值为 24；但作为 2 位 8421BCD 码时，其值为 18。又如，0001 1100，如将其视为二进制数，其值为 28，但不能当成 8421BCD 码，因为在 8421BCD 码中，它是个非法编码。

任务三　制作单片机的最小应用系统

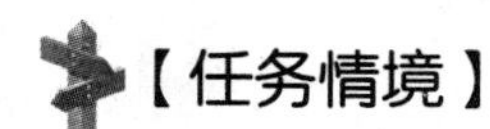

【任务情境】

心脏有节律地跳动，把血液输送到人体的各个器官，使各器官正常工作，这是生命最基本的体征。在此基础上，人才能参加各种生产劳动，演绎精彩人生。单片机要使电器和设备实现“全自动”“智能”“微电脑控制”，必须先让“自己”正常工作。单片机如何才能正常工作呢？

【任务描述】

知道单片机正常工作的条件和最小应用系统的组成，能安装和检测单片机最小应用系统。

【计划与实施】

一、画一画

在图 1-3-1 中画出单片机的最小应用系统。

U4

引脚	名称	名称	引脚
1	P1.0	V_{CC}	40
2	P1.1	P0.0	39
3	P1.2	P0.1	38
4	P1.3	P0.2	37
5	P1.4	P0.3	36
6	P1.5	P0.4	35
7	P1.6	P0.5	34
8	P1.7	P0.6	33
9	RST/VPD	P0.7	32
10	P3.0/RxD	EA/V_{PP}	31
11	P3.1/TxD	ALE/PROG	30
12	P3.2/TNT0	PSEN	29
13	P3.3/TNT1	P2.7	28
14	P3.4/T0	P2.6	27
15	P3.5/T1	P2.5	26
16	P3.6/WR	P2.4	25
17	P3.7/RD	P2.3	24
18	XTAL2	P2.2	23
19	XTAL1	P2.1	22
20	V_{SS}	P2.0	21

图 1-3-1　单片机的最小应用系统

二、说一说

（1）单片机正常工作的条件。
（2）单片机最小应用系统各部分的功能。

三、做一做

在万用板上安装单片机最小应用系统。
（1）检查并检测元器件。
（2）在万用板上设计一下各元器件的布局。
（3）插装并焊接元器件。
（4）检查一下安装的电路。

四、测一测

（1）检测单片机的最小应用系统要检测哪些项目？怎么检测？
（2）实施检测。
（3）判断一下制作的单片机最小应用系统工作正常吗？

【练习与评价】

一、练一练

1. 填空题

（1）单片机正常工作的条件是：________、__________、_____________。
（2）在单片机的最小应用系统中，石英晶体振荡器要连接在单片机的______和_____引脚上。
（3）复位就是使单片机的_______端加上持续两个机器周期的________。

2. 实践操作题

在单片机的最小应用系统制作完成后，芯片内还没有程序写入，称为“空片”。测量“空片”各引脚的电压，并填写入表 1-3-1 中。

表 1-3-1 测量结果

引脚号	电压值	引脚号	电压值	引脚号	电压值	引脚号	电压值
1		11		21		31	
2		12		22		32	
3		13		23		33	
4		14		24		34	
5		15		25		35	
6		16		26		36	
7		17		27		37	
8		18		28		38	
9		19		29		39	
10		20		30		40	

二、评一评

请回顾在本任务进程中你的收获和疑惑，并在表 1-3-2 中写出你的体会和评价。

表 1-3-2　任务总结与评价表

<table>
<tr><td>内　容</td><td colspan="2">你的收获</td><td>你的疑惑</td></tr>
<tr><td>获得知识</td><td colspan="2"></td><td></td></tr>
<tr><td>掌握方法</td><td colspan="2"></td><td></td></tr>
<tr><td>习得技能</td><td colspan="2"></td><td></td></tr>
<tr><td>学习体会</td><td colspan="3"></td></tr>
<tr><td rowspan="3">学习评价</td><td>自我评价</td><td colspan="2"></td></tr>
<tr><td>同学互评</td><td colspan="2"></td></tr>
<tr><td>老师寄语</td><td colspan="2"></td></tr>
</table>

【任务资讯】

一、单片机最小应用系统简介

单片机最小应用系统是指用最少的外围元器件组成使单片机正常工作的电路系统。单片机最小应用系统必须满足 3 个条件：电源、时钟电路和复位电路。图 1-3-2 就是构成 AT89S51 单片机最小应用系统的基本电路。本书后续的项目中将统一使用该单片机组成的最小应用系统组装电路。

1. 电源

任何电路都离不开电源部分，单片机系统也不例外，使用时应该高度重视电源部分，不能因为电源部分的电路比较简单而有所忽视。其实有许多故障或制作失败都和电源有关，正确连接电源才能保证电路的正常工作。

2. 时钟电路

单片机内部每个部件要想协调一致地工作，必须在时钟信号的控制下进行。单片机内部有一个用于构成振荡器的高增益放大器，引脚 XTAL1 和 XTAL2 分别是此放大器的输入端和输出端，所以只需外接一个晶体振荡器便可构成自激振荡器，为系统提供时钟信号。图 1-3-2 中由电容器 C1、C2 和石英晶体振荡器 X1 构成的电路与单片机的引脚 18、19 连接就构成了时钟电路。

3. 复位电路

复位就是使单片机内各寄存器的值变为初始状态的操作。复位后单片机会从程序的第一条指令运行，避免出现混乱。只要使单片机的 RST 端加上持续两个机器周期的高电平，就能实现复位。复位有上电复位和手动复位两种方式。

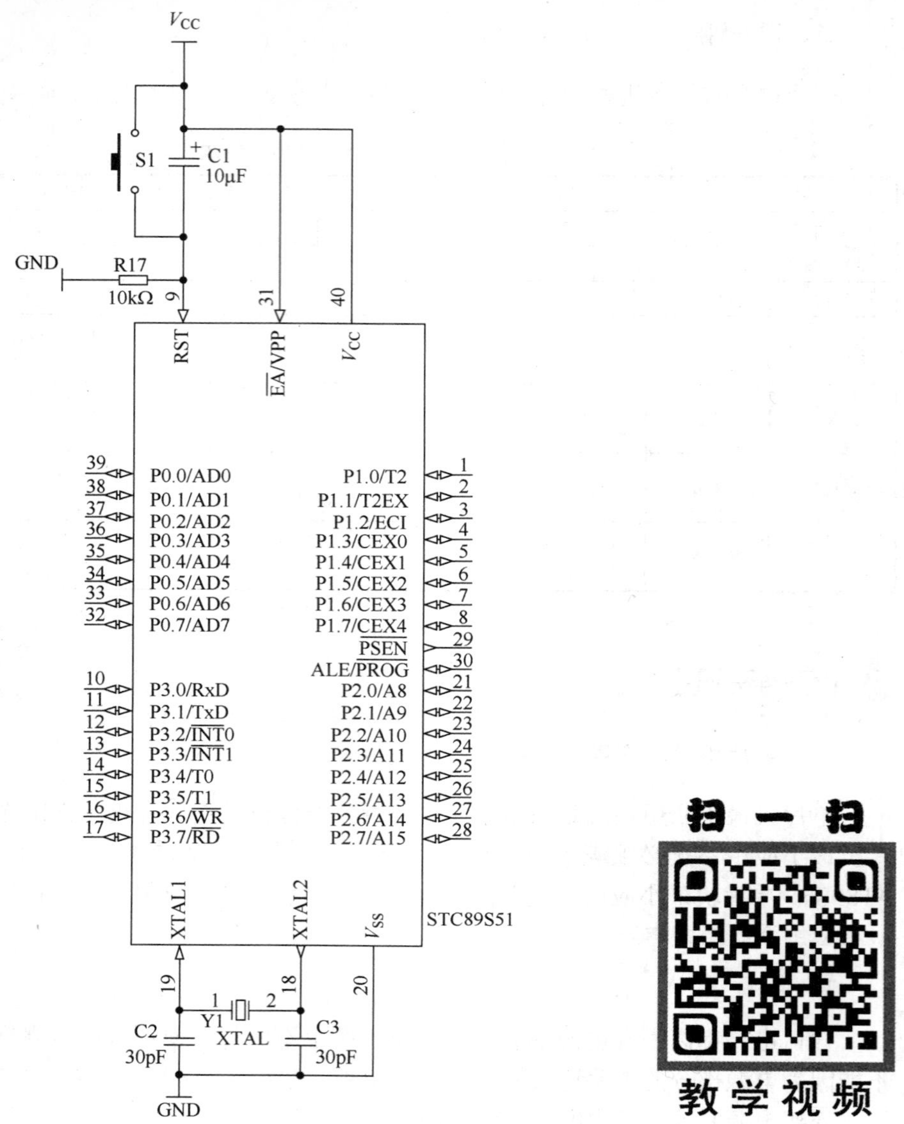

图 1-3-2　构成 AT89S51 单片机最小应用系统的基本电路

在图 1-3-2 中，上电复位电路由电源、电容器 C3 和电阻 R1 组成。在通电瞬间，单片机 RST 端和 V_{CC} 端电位相同，随着电容的充电，电容两端电压逐渐上升，RST 端电压逐渐下降，完成复位。手动复位是在电路运行中，按下 S1，单片 RST 端连接 V_{CC} 为高电平，松开 S1，RST 端变为低电平，完成复位。

二、单片机最小应用系统的制作

1. 制作单片机最小应用系统的元器件清单

制作单片机最小应用系统的元器件清单如表 1-3-3 所示。

表 1-3-3　制作单片机最小应用系统的元器件清单

序　号	元器件名称	说　明	序　号	元器件名称	说　明
1	电阻器 R1	阻值为 2kΩ	5	晶振 X1	中心频率为 12MHz 的直插式石英晶体振荡器
2	电容器 C1	可选用 20～30μF 的电解电容器	6	复位开关 S1	不带自锁的按钮开关
3	电容器 C2	可选用 18～33pF 的瓷片电容器	7	单片机芯片	AT89S51 芯片及插座
4	电容器 C3	同 C2	8	万用板	也可用 PCB 板

2. 制作的注意事项

（1）根据图 1-3-2 正确地把元器件焊接在万用板上，元器件要尽量安装在正面，连接导线可根据具体情况灵活设置。

（2）焊接电解电容器时要注意极性，不能装反。

（3）焊接单片机芯片插座时，要注意引脚的排列，缺口左侧第一个引脚为 1 号。

（4）通电测试时，先不装芯片，防止电源不正常时损坏芯片。

（5）在插入单片机芯片时，要注意芯片的缺口与芯片插座的缺口同向。

三、单片机最小应用系统的检测

1. 电路安全性检测

电路安装完毕，在通电前要先进行安全性检测，检查电路是否存在短路现象。将万用表拨到 R×100 挡，把黑表笔接电源正极输入端，红表笔接公共接地端，所测电阻应该为无穷大，对调表笔也一样。说明电路没有短路，可以插上芯片。

2. 电源供电检测

本电路采用 5V 直流电源供电，接通电源后测量芯片 40 脚和 20 脚之间的电压，测量值应与电源电压一致。如果相差太多，应立即切断电源，检查电路。测量电压时要注意极性，40 脚为正，20 脚为负。

项目检测

一、判断题

（1）单片机就是单片微型计算机。　　（　　）

（2）AT89S51 芯片的时钟振荡电路引脚是 19、20 脚。　　（　　）

（3）RAM 称为随机存取存储器或程序存储器。　　（　　）

（4）编程器就是将十六进制或二进制机器代码烧写入单片机程序存储器中的设备。　　（　　）

（5）只要使单片机的 RST 端加上持续两个机器周期的低电平就可以使单片机复位。　　（　　）

（6）在单片机最小系统通电测试时，先不装芯片，防止电源不正常时损坏芯片。　　（　　）

二、计算题

（1）将下列十进制数分别转换成二、十六进制数。

5、17、56、87、178

（2）写出下列 8421BCD 码所代表的十进制数。

① $(001101111001)_{8421BCD}$　　② $(0101.0100)_{8421BCD}$

三、画出 AT89S51 单片机最小应用系统的电路图

项目二　点亮发光二极管

项目目标

（1）能知道用 C 语言编写单片机程序的基本组成部分和常用运算符号，会写最简单的单片机程序，会对单片机的某一位进行控制。

（2）会使用 Keil 软件对程序进行编译，会使用 PROGISP 软件将程序烧录到单片机中。

（3）会对单片机的 I/O 口进行总线控制。

项目内容

（1）点亮一只发光二极管。

（2）点亮多只发光二极管。

项目进程

任务一　点亮一只发光二极管

【任务情境】

周末，祝某某和几个同学在逛街，发现大街上、商场门口新增了许多广告牌，这些广告牌都是用各种颜色的发光二极管（LED）组成的，有些 LED 广告牌的图案还会变化。这些五彩斑斓、变化多端的 LED 广告牌都是受什么控制的呢？

【任务描述】

用 C 语言编写程序，让单片机点亮一只发光二极管。

【计划与实施】

一、连一连

连接图 2-1-1 所示电路，并添加适当元器件，使图 2-1-1（b）中的 LED 能受单片机的控制。

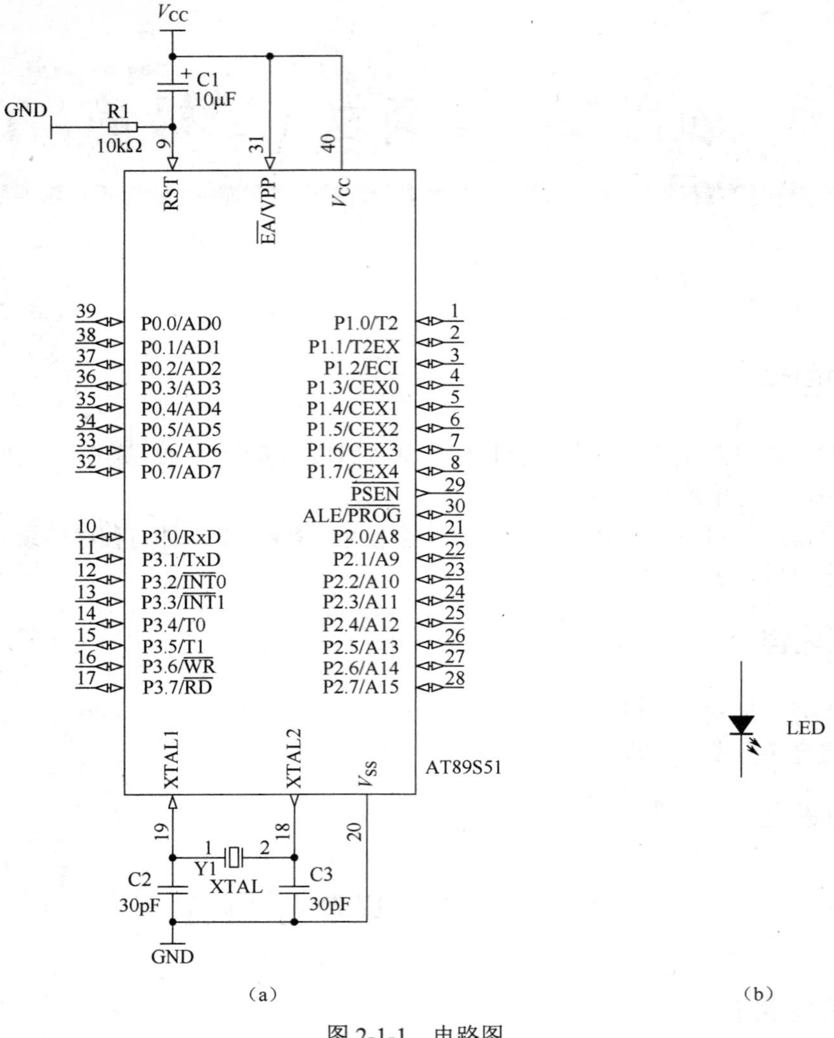

图 2-1-1　电路图

二、装一装

在项目一中，同学们已经制作了单片机最小应用系统，请在该系统的基础上制作本电路。

三、议一议

一个完整的单片机程序由哪几部分组成？

四、写一写

试写出点亮一只 LED 的单片机程序。

五、练一练

使用 Keil 软件对程序进行编译，并使用单片机下载编程烧录软件将编好的程序烧录到

单片机中。

六、调一调

将烧录好的单片机安装到电路中，接通电源进行调试。

【练习与评价】

一、练一练

（1）简要说明头文件的作用。

（2）编写程序，让P1.0口的第3位控制一只LED发光，要求LED的正极经过一个限流电阻接单片机，负极接电源负极。

二、评一评

请回顾在本任务进程中你的收获和疑惑，并在表2-1-1中写出你的体会和评价。

表2-1-1　任务总结与评价表

<table>
<tr><th>内　容</th><th colspan="2">你的收获</th><th>你的疑惑</th></tr>
<tr><td>获得知识</td><td colspan="2"></td><td></td></tr>
<tr><td>掌握方法</td><td colspan="2"></td><td></td></tr>
<tr><td>习得技能</td><td colspan="2"></td><td></td></tr>
<tr><td>学习体会</td><td colspan="3"></td></tr>
<tr><td rowspan="3">学习评价</td><td>自我评价</td><td colspan="2"></td></tr>
<tr><td>同学互评</td><td colspan="2"></td></tr>
<tr><td>老师寄语</td><td colspan="2"></td></tr>
</table>

【任务资讯】

一、电路图

在这里，用P1.0口作为输出端，控制一只LED。LED的正极通过一个限流电阻与电源正极相连。电路原理图如图2-1-2所示。

当P1.0输出低电平时，LED发光，当P1.0输出高电平时，LED熄灭。

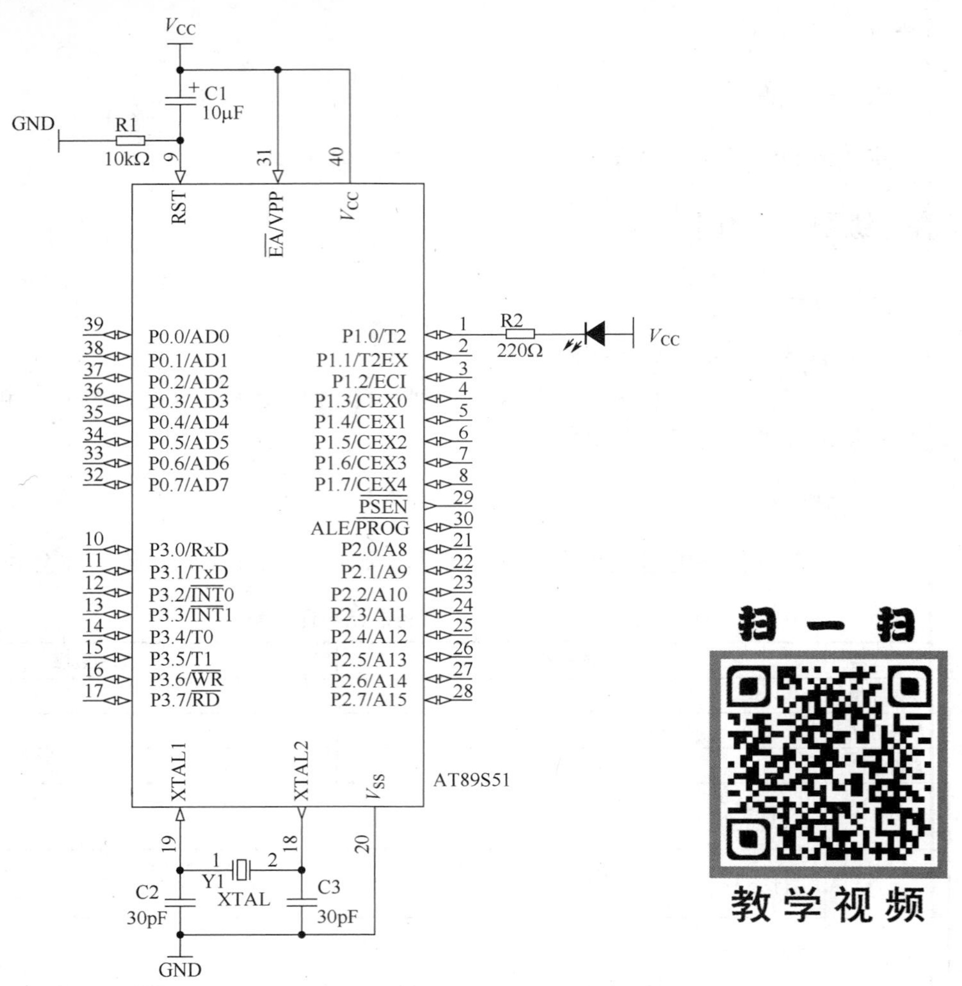

图 2-1-2　单片机控制一只 LED 的电路原理图

二、头文件

本书将使用 C 语言进行程序编写，单片机的 C 语言程序的第一句通常是：

```
#include <……>
```

例如：

```
#include <reg51.h>
```

这个语句就是将 reg51.h 这个头文件的内容调用到程序中，头文件是编译器自带的文件。头文件存放在编译器安装的目录下，假设编译器安装在 D 盘，则头文件的存放路径为“D:\Keil\C51\INC”。打开这个头文件，可以看到以下内容：

```
/*--------------------------------------------------------------------------
REG51.H
Header file for generic 80C52 and 80C32 microcontroller.
Copyright (c) 1988-2002 Keil Elektronik GmbH and Keil Software, Inc.
All rights reserved.
--------------------------------------------------------------------------*/
#ifndef __REG51_H__
```

```
#define __REG51_H__
/*  BYTE Registers  */
sfr P0    = 0x80;
sfr P1    = 0x90;
sfr P2    = 0xA0;
sfr P3    = 0xB0;
/*  BIT Registers  */
/*  PSW  */
sbit CY    = PSW^7;
sbit AC    = PSW^6;
sbit F0    = PSW^5;
sbit RS1   = PSW^4;
sbit RS0   = PSW^3;
sbit OV    = PSW^2;
#endif
```

由此可知，头文件为用户定义了单片机常用寄存器的内存地址，它其实就是一种声明，将单片机中的一些常用的符号变量进行定义声明；对一些特殊功能寄存器进行声明；对一些关健字进行定义。例如，我们常用的 P0 口，在写程序的时候你就不用再去定义这个符号，不用把它的字节地址给这个符号了，直接用就可以。

例如：

```
P0=0xff;
```

该语句是将数据“0xff”赋值给 P0 口。

另外，用户可以根据需要在头文件中定义其他寄存器地址，凡是在头文件中定义过的寄存器地址，编程时就不需要定义了。用户还可以自己创建头文件，方法是将程序保存为“文件名.h”格式。

三、main 函数

任何一个 C 语言程序有且仅有一个 main 函数（主函数），它是整个程序开始执行的入口。它的格式是“void main()”。

例如：

```
void main()
{
总程序从这里开始执行;
其他语句;
}
```

四、位定义

如果在主程序中需要对寄存器中的某一位进行操作，则在主程序之前需要先对这一位进行位定义。

例如：

```
sbit P10=P1^0;
```

该语句即是将 P1 口的第 0 位定义为 P1.0。注意不能对位直接进行操作。

五、第一个完整的程序

一个的单片机程序可能包括的部分有：头文件、各种定义、变量声明、函数声明、子函数和主函数。

例如：

```
#include <reg51.h>
sbit L1=P1^0;    //定义P1.0为灯L1的控制引脚
void main()
{
 L1=0;    //L1点亮
}
```

这就是实现点亮一只 LED 的程序。根据电路的连接情况，主函数将需要对 P1.0 口进行操作，使之输出低电平，即“L1=0;”。因此，在主函数之前须对 P1.0 口进行位定义，即“sbit L1=P1^0;”。编写指令的意义在于控制硬件的输入输出状态，而在头文件中，已经定义了 P1 口的内存地址，所以，程序开头必需调用头文件，这样才能使程序找到单片机的内存地址，对其输出状态进行控制。

这个程序包括头文件、位定义和主函数三部分。在今后的学习中，还会接触宏定义、变量声明、子函数及子函数的声明等。

六、常用运算符

在单片机程序中，经常要对变量进行逻辑运算，C-51 的运算符与 C 语言基本相同，下面列举了几种常见的运算符号及其含义。

（1）+（加）、-（减）、*（乘）、/（除）。

（2）>（大于）、>=（大于等于）、<（小于）、<=（小于等于）。

（3）==（测试等于）、!=（测试不等于）。

（4）&&（逻辑与）、||（逻辑或）、!（逻辑非）。

（5）>>（位右移）、<<（位左移）。

（6）&（按位与）、|（按位或）。

（7）^（按位异或）、～（按位取反）。

七、程序编译和目标文件生成

使用 C 语言编写的程序要使用编译器，以便把写好的程序编译为机器码，才能把 HEX 可执行文件写入单片机内。Keil 软件是目前最流行开发 MCS-51 系列单片机的软件，Keil 提供了包括 C 编译器、宏汇编、连接器、库管理和一个功能强大的仿真调试器等在内的完整开发方案，通过一个集成开发环境（IDE）将这些部分组合在一起。运行 Keil 软件需要 Pentium 或以上的 CPU，16MB 或更多 RAM、20M 以上空闲的硬盘空间、WIN98、NT、WIN2000、WINXP 等操作系统。

在这里以 51 单片机并结合 C 语言程序为例，图文描述工程项目的创建和使用方法如下：

（1）首先我们要养成一个习惯：先建立一个空文件夹，把工程文件放到里面，以避免和其他文件混合，如图 2-1-3 所示。创建一个名为“Example”的文件夹。

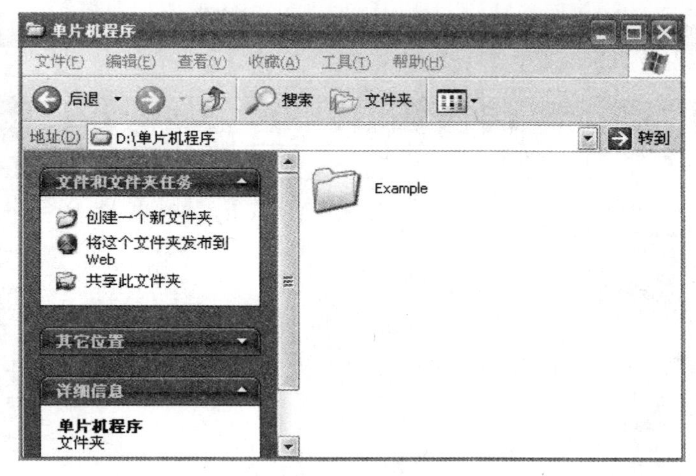

图 2-1-3　创建文件夹

（2）单击桌面上的 Keil uVision3 图标，打开软件。

（3）单击“工程→新建工程”新建一个工程，如图 2-1-4 所示。

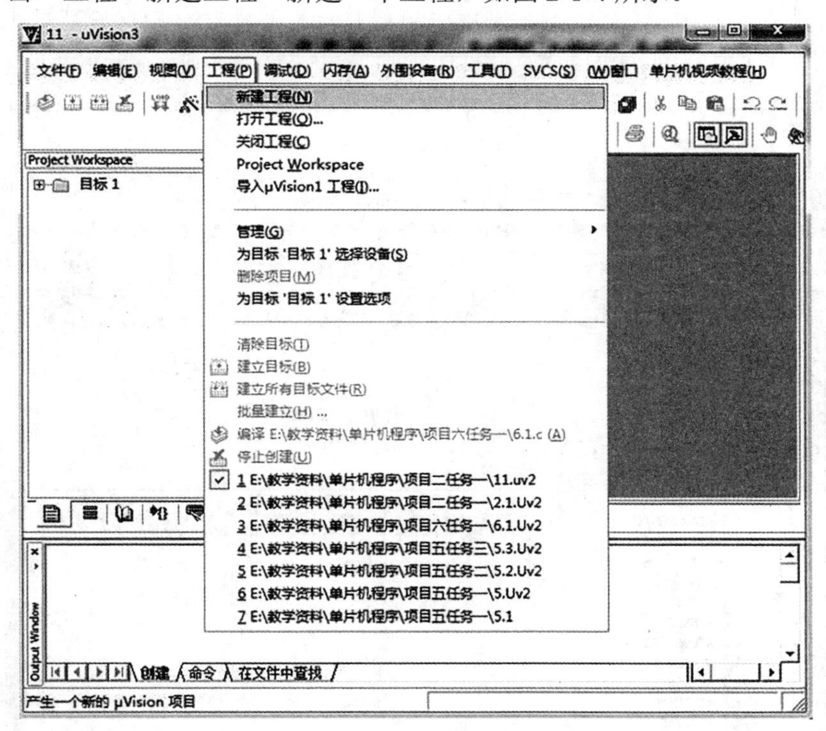

图 2-1-4　新建一个工程

（4）在对话框中，选择“Example”并放在该文件夹下，给这个工程取个名后保存，不需要填后缀，如图 2-1-5 所示。

（5）弹出一个框，在 CPU 类型下我们找到并选中“Atmel”下的 AT89S51，如图 2-1-6 所示。

图 2-1-5　给工程取名保存

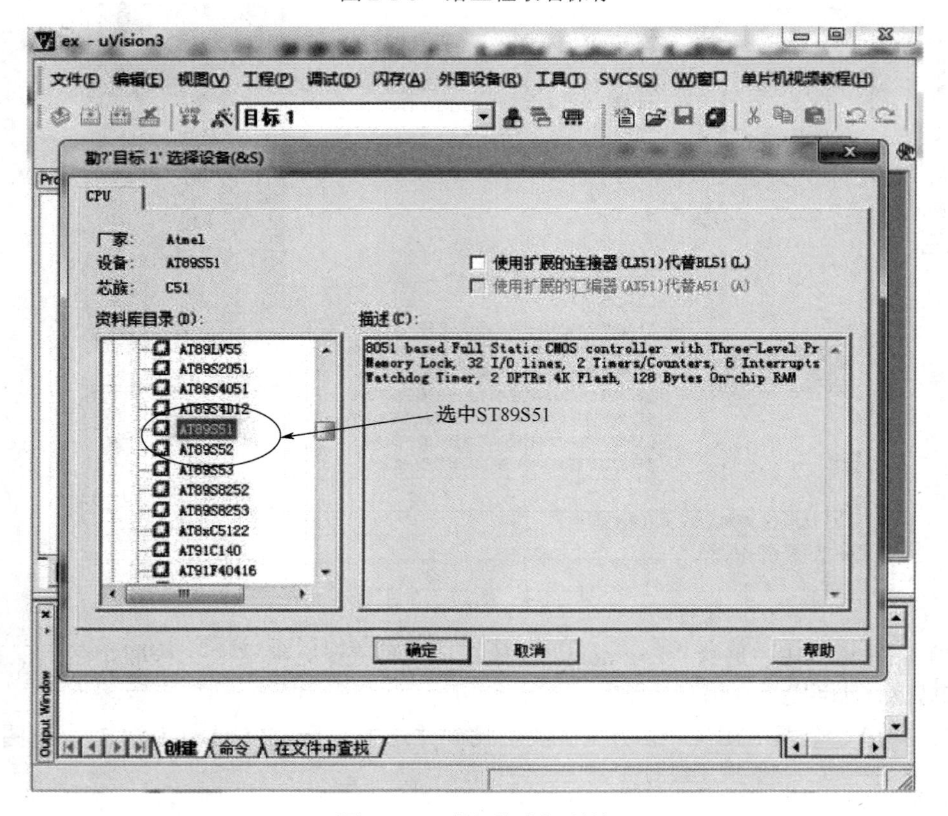

图 2-1-6　选取单片机型号

（6）以上工程创建完毕，接下来开始建立一个源程序文本，如图 2-1-7 所示。

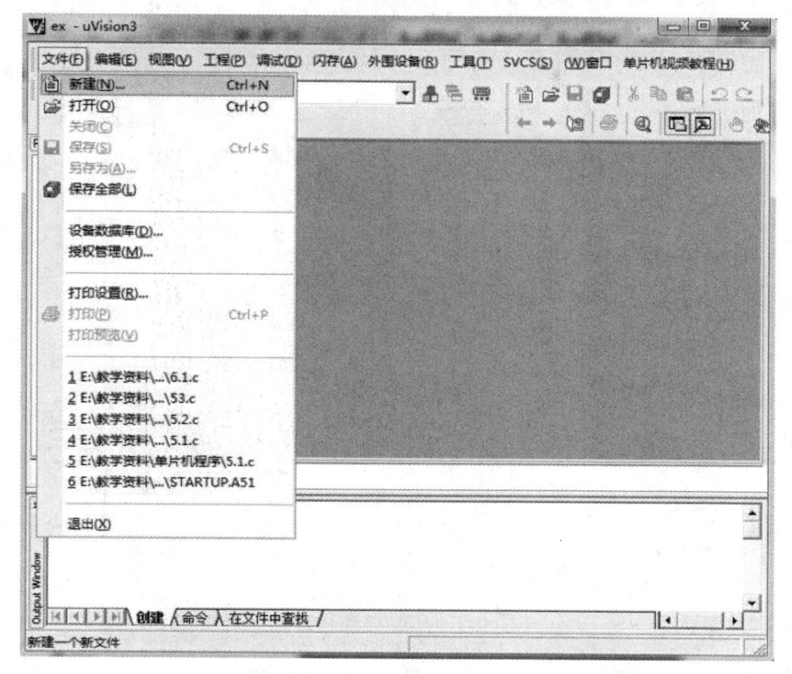

图 2-1-7　创建源程序文本

（7）在下面空白区域写入或复制一个完整的 C 语言程序，如图 2-1-8 所示。

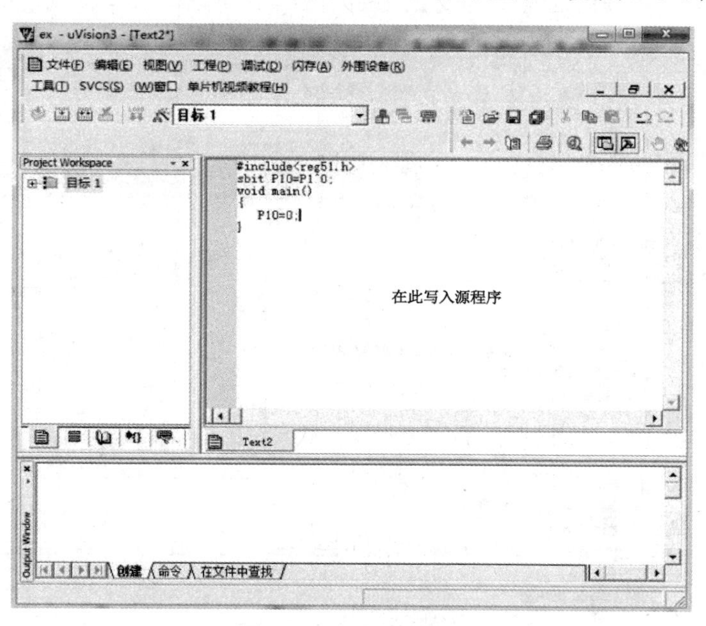

图 2-1-8　写入源程序

（8）单击工具栏上的保存图标，在弹出的对话框中输入源程序文件名名称，在这里示例输入“ex”这个名称，同样大家可以随便命名。注意：文件名要带后缀名，即“ex.c”，然后保存，如图 2-1-9 所示。

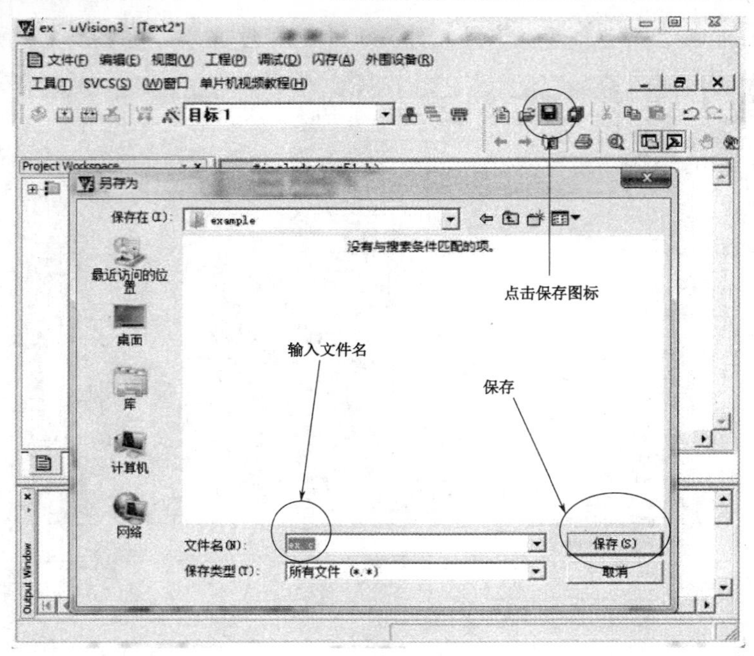

图 2-1-9　保存源程序

（9）需要把刚创建的源程序文件加入到工程项目文件中，大家在单击“Add”按钮时会感到奇怪，怎么对话框不会消失呢？不管它，直接单击“Close”关闭就行了，此时大家可以看到程序文本字体颜色已发生了变化，如图 2-1-10 所示。

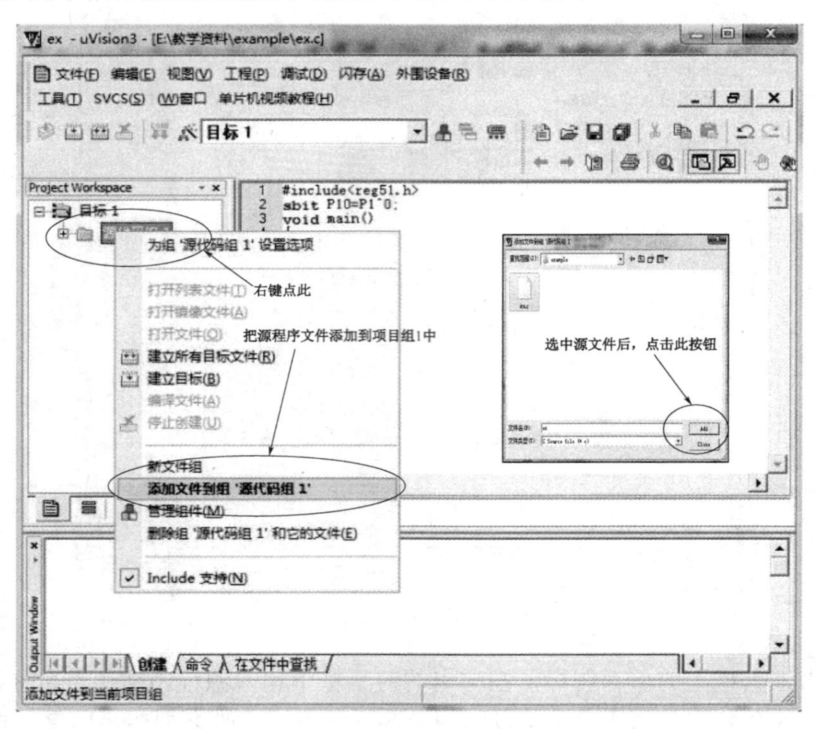

图 2-1-10　把源程序文件加入工程项目文件

（10）按图 2-1-11 所示设置晶振，建议初学者修改成 12MHz，因 12MHz 方便计算指令时间。

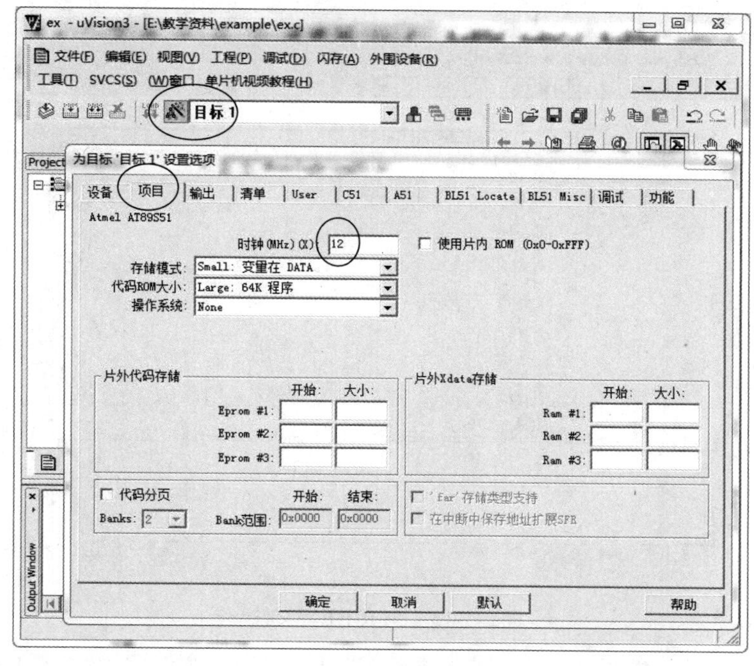

图 2-1-11　设置晶振

（11）在 Output 栏选中 Create HEX File，使编译器输出单片机需要的 HEX 文件，如图 2-1-12 所示。

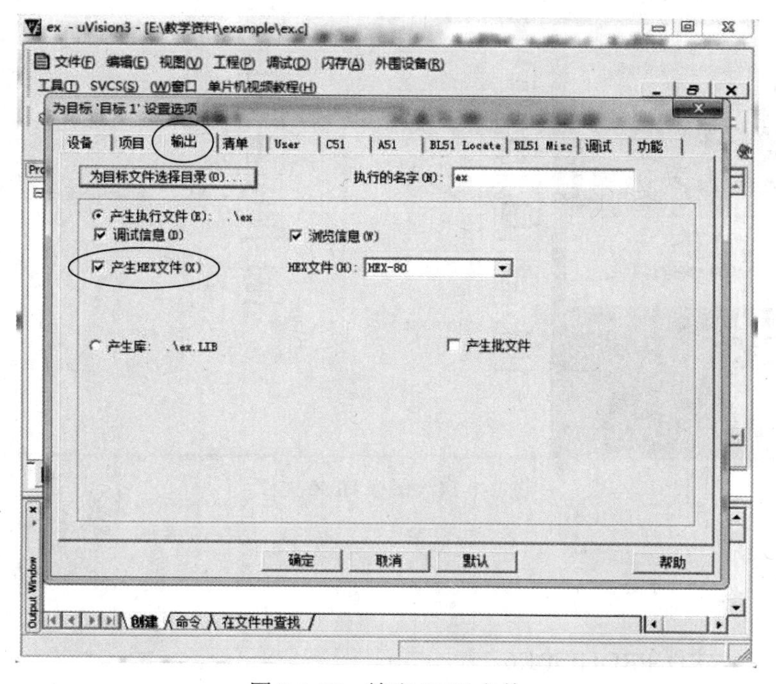

图 2-1-12　输出 HEX 文件

（12）工程项目创建和设置全部完成。单击编译按钮，如图 2-1-13 所示。如果程序无误，则会生成 HEX 文件，保存在“Example”文件夹中，如图 2-1-14 所示。

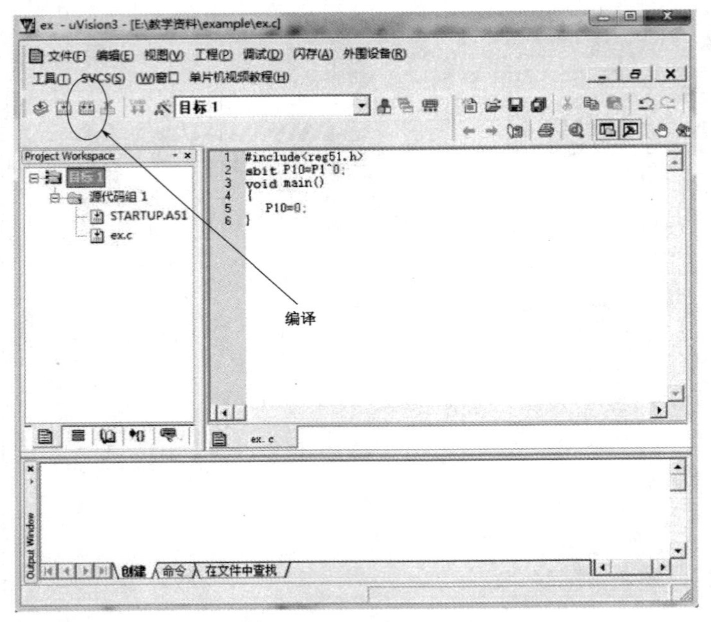

图 2-1-13　生成 HEX 文件

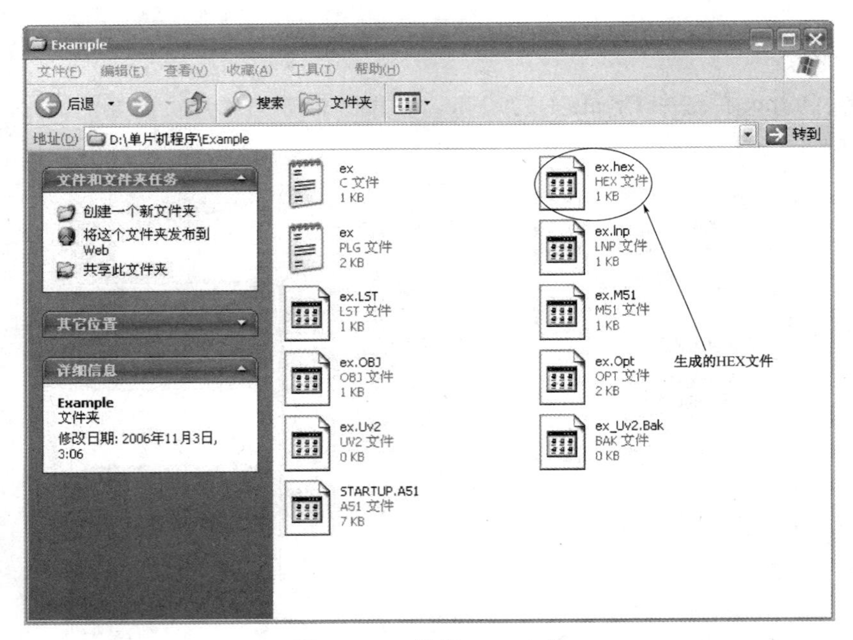

图 2-1-14　保存 HEX 文件

七、烧录程序

1. 下载器使用方法

（1）启动下载软件 PROGISP1.6.7。

（2）烧录步骤如下。

① 设置编程器及接口，编程器选择 USBASP，接口为 USB，如图 2-1-15 所示。

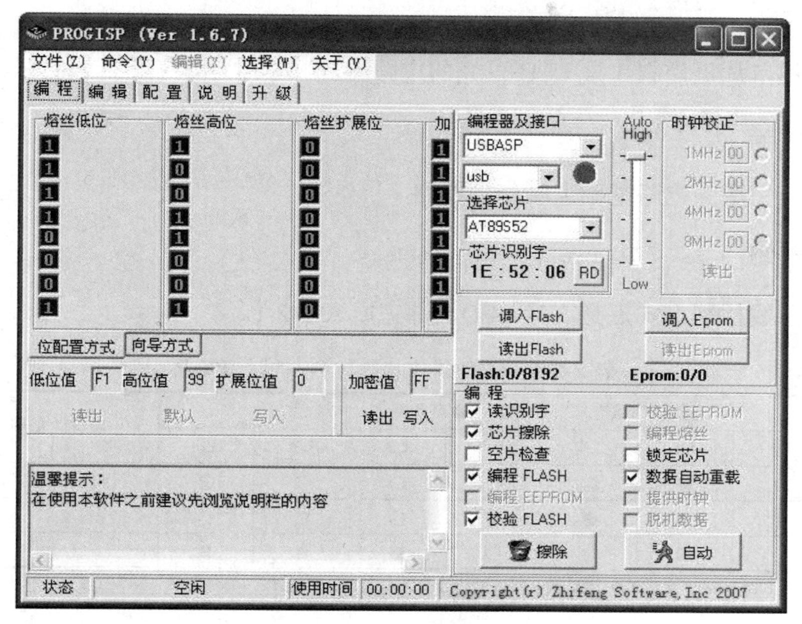

图 2-1-15　下载器界面

② 选择芯片，在选择芯片下拉列表中选择正在使用的单片机型号 51 或者 AVR 均可（常用的 51 型号为 AT89S51，常用的 AVR 型号为 ATMEGA16）。

③ 设置熔丝位（若使用 51 单片机不需要设置熔丝，直接进入下一步），注意 SPIEN 要始终保持红色，否则容易造成芯片死锁。图 2-1-15 中显示的是熔丝的位配置方式，如果不熟悉熔丝功能，可以单击位配置方式旁边的向导方式。设置好熔丝后单击写入。

④ 加载所要烧录的程序文件，单击调入 Flash，选择所要烧录编译好的程序文件。

⑤ 编程烧录：在编程选项里配置所需要的选项，单击自动按钮就可以自动完成程序烧录。最常用的选项就是如图 2-1-15 所示的 3 个选项，其他的选项要慎用。

任务二　点亮多只发光二极管

【任务情境】

经过几天的努力，初战告捷。祝某某和同学们已经掌握了程序的编译，也能顺利向单片机烧录程序，实现了通过程序控制一只 LED 的工作状态，并成功制作了第一个单片机电路。街头的广告牌是由很多 LED 组成的，善于思考的小祝和同学们开始琢磨：怎么才能让多只 LED 同时发光呢？

【任务描述】

用 C 语言编写程序，让单片机点亮 3 只发光二极管。

【计划与实施】

一、画一画

画出使用单片机控制 3 只 LED 发光的电路图。

二、装一装

在任务一完成的电路基础上制作本电路。

三、练一练

思考用总线控制方式点亮 3 只 LED，并完成表 2-2-1。

表 2-2-1 LED 工作状态与 P1 的赋值情况

LED 工作状态（○表示灭，●表示亮）								P1 的赋值情况
L7	L6	L5	L4	L3	L2	L1	L0	
●	●	●	○	○	○	○	○	
○	○	●	●	●	○	○	○	
○	○	○	○	○	●	●	●	

注：表格中的 8 只发光二极管 L7～L0，以共阴极接法，分别与 P1.7～P1.0 相连。

四、写一写

根据制作的电路，试写出点亮这 3 只 LED 的单片机程序。

五、调一调

编译、烧录程序，并安装单片机到电路中，接通电源进行调试。

【练习与评价】

一、练一练

已知 8 只发光二极管 L7～L0，以共阳极接法，分别与 P1.7～P1.0 相连。请根据 P1 口的输出情况，判断有哪些 LED 被点亮？并完成表 2-2-2。

表 2-2-2 P1 口的输出情况与 LED 工作状态

P1 口的输出情况	被点亮的 LED
0x7f	
0x66	
0x9e	
0xab	
0x17	

二、评一评

请回顾在本任务进程中你的收获和疑惑，并在表 2-2-3 中写出你的体会和评价。

表 2-2-3　任务总结与评价表

<table>
<tr><td>内　容</td><td colspan="2">你的收获</td><td>你的疑惑</td></tr>
<tr><td>获得知识</td><td colspan="2"></td><td></td></tr>
<tr><td>掌握方法</td><td colspan="2"></td><td></td></tr>
<tr><td>习得技能</td><td colspan="2"></td><td></td></tr>
<tr><td>学习体会</td><td colspan="3"></td></tr>
<tr><td rowspan="3">学习评价</td><td>自我评价</td><td colspan="2"></td></tr>
<tr><td>同学互评</td><td colspan="2"></td></tr>
<tr><td>老师寄语</td><td colspan="2"></td></tr>
</table>

【任务资讯】

一、电路图

如图 2-2-1 所示，3 只发光二极管 L1、L2、L3，正极相连，接 5V 电源，负极通过电阻分别与 P1.0、P1.3、P1.6 相连，任一输出为低电平时，该发光二极管导通发光，这种接法称为共阳极接法。如果各发光二极管负极相连，接电源负极，这种接法称为共阴极接法。

二、总线控制

单片机的每个 I/O 口都有 8 位，所以可以用两位十六进制数给一个 I/O 口赋值，用这种方法控制 I/O 口输出的方式称为总线控制方式。总线控制会对一个 I/O 口的 8 位输出都进行设定。

例如，P0=0xfe，表示给 P0 口的 8 位分别输出 11111110，其中开头“0x”在 C 语言中表示是十六进制数。

如果要用 P0 口控制 8 只 LED 的工作状态，首先要判断 LED 的公共端。如果是共阳极，则需输出低电平才能使 LED 发光；如果是共阴极，需输出高电平才能使 LED 发光。以共阳极为例，LED 工作状态与 P0 赋值情况如表 2-2-4 所示。

表 2-2-4　LED 工作状态与 PO 的赋值情况

<table>
<tr><td colspan="9">LED 工作状态（○表示灭，●表示亮）</td><td rowspan="2">P0 的赋值情况</td></tr>
<tr><td></td><td>LED7</td><td>LED6</td><td>LED5</td><td>LED4</td><td>LED3</td><td>LED2</td><td>LED1</td><td>LED0</td></tr>
<tr><td>状态 1</td><td>●</td><td>○</td><td>●</td><td>○</td><td>●</td><td>○</td><td>●</td><td>○</td><td>0x55</td></tr>
<tr><td>状态 2</td><td>●</td><td>●</td><td>●</td><td>●</td><td>○</td><td>○</td><td>○</td><td>○</td><td>0x0f</td></tr>
<tr><td>状态 3</td><td>○</td><td>○</td><td>○</td><td>○</td><td>○</td><td>○</td><td>○</td><td>●</td><td>0xfe</td></tr>
</table>

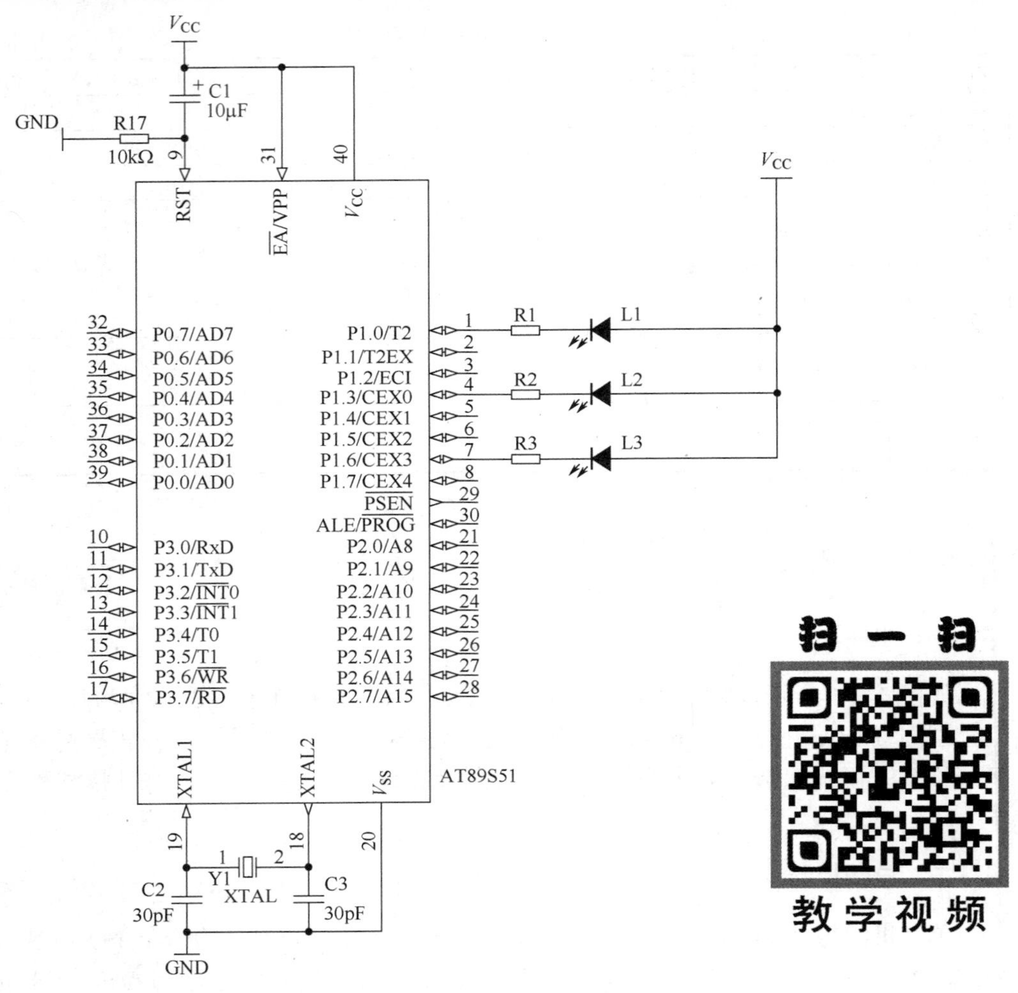

图 2-2-1　单片机点亮三只 LED 电路原理图

三、参考程序

在任务一中，我们已经学习了如何通过位操作来控制一只 LED 发光，按照这种方法，同样可以对 3 只 LED 进行控制。根据图 2-2-1 的连接方法，编写程序如下。

```
#include <reg51.h>
sbit L1=P1^0;    //定义P1.0为灯L1的控制引脚
sbit L2=P1^3;    //定义P1.3为灯L2的控制引脚
sbit L3=P1^6;    //定义P1.6为灯L3的控制引脚
void main()
{
  L1=0;     //L1点亮
  L2=0;     //L2点亮
  L3=0;     //L3点亮
}
```

除了用上面这种方法实现本任务的效果外，还可以用总线控制的方式实现。因为 3 只 LED 分别与 P1.0、P1.3、P1.6 相连，只要能够控制这 3 位输出低电平即可，所以对 P1 的

赋值要满足表 2-2-5 的输出状态。

表 2-2-5　输出状态

P1.7	P1.6	P1.5	P1.4	P1.3	P1.2	P1.1	P1.0
0/1	0	0/1	0/1	0	0/1	0/1	0

程序举例如下。

```
#include <reg51.h>
void main()
{
  P1=0xb6;  //除了P1.0、P1.3、P1.6输出0以外，其他5位都输出1。
}
```

总线控制方式使程序大大简化。编写单片机程序时，应具备创新思维，采取多种方法实现同一种功能。

项目检测

一、填空题

（1）__________为用户定义了单片机常用寄存器的内存地址，它其实就是一种声明，将单片机中的一些常用的__________进行定义声明，对一些______________进行声明，对一些________进行定义。

（2）用户还可以自己创建头文件，方法是将程序保存为“__________”格式。

（3）任何一个 C 语言程序有且仅有一个______函数（主函数），它是整个程序开始执行的________。

（4）P0=0xfe，表示给 P0 口的 8 位分别输出________，其中开头“0x”在 C 语言中表示是__________。

（5）如果要用 P0 口控制 8 只 LED 的工作状态，首先要判断 LED 的公共端。如果是共阳极，则需输出______才能使 LED 发光；如果是共阴极，需输出_______才能使 LED 发光。

二、语句解释

说明以下各语句的含义。

（1）sbit P10=P1^0 ：

（2）L1=0 ：

（3）P0=0xfe ：

三、连线题

将下列逻辑运算符与正确的含义进行连线。

*	按位与
/	测试等于
==	除
!=	逻辑或
&&	测试不等于

||　　　　逻辑非

!　　　　逻辑与

>>　　　　乘

<<　　　　按位取反

&　　　　按位或

|　　　　按位异或

^　　　　位左移

～　　　　位右移

四、简答题

（1）写出使用 KEIL 软件创建工程项目的步骤。

（2）写出使用程序烧录软件 PROGISP 烧录程序的步骤。

项目三　制作节日彩灯

项目目标

（1）会写简单的延时程序、会调用子程序，掌握 for 语句和 while 语句的用法。

（2）会写带参数的子程序、会用十六进制数对 8 位 I/O 口进行赋值，掌握循环左移和循环右移指令。

（3）会让单片机控制多只 LED 以不同花样进行闪烁。

项目内容

（1）让发光二极管闪烁。

（2）让发光二极管循环闪烁。

（3）控制 LED 以多种花样进行闪烁。

项目进程

任务一　让发光二极管闪烁

【任务情境】

国庆节快到了，老师提议同学们制作一个节日彩灯，为班级增添一些节日气氛。节日彩灯由多只 LED 组成，每只 LED 都能闪烁，如何让二极管闪烁呢？

【任务描述】

用 C 语言编写程序，让单片机实现一只或多只 LED 闪烁的功能。

【计划与实施】

一、想一想

本任务的电路图与项目二的任务一相同，查看图 2-1-2，思考如何才能让图中的 LED 闪烁起来。

二、画一画

（1）绘制实现一只 LED 闪烁的编程流程图。
（2）绘制任意两只 LED 同时闪烁的编程流程图。

三、填一填

完成以下程序，实现一只 LED 闪烁的效果。
（1）使用 while 语句实现延时效果。

```
#include<reg51.h>
sbit L1=_____;
unsigned int a;
void main()
{
     while(1)
     {
          a=50000;
          L1=0;
          while(____);
          L1=1;
          a=50000;
          while(____);
     }
}
```

（2）用延时子程序实现延时效果。

```
#include <reg51.h>
#define uchar unsigned char
sbit L1=_____;
void delay( )
{
   uchar a,b;
   ______(a=200;a>0;a--)
      ______(b=200;_____;_____);
}
void main()
{
   _________
   {
     L1=______;
     delay( );
     L1=______;
     delay( );
   }
}
```

四、编一编

编写程序，实现两只 LED 同时闪烁的效果。

五、调一调

在项目一制作的单片机最小应用系统的基础上制作本电路，编译、烧录程序，并将烧录程序的单片机安装到电路中，接通电源进行调试。

【练习与评价】

一、练一练

编写程序，实现两只 LED 交替闪烁的效果。

二、评一评

请回顾在本任务进程中你的收获和疑惑，并在表 3-1-1 中写出你的体会和评价。

表 3-1-1　任务总结与评价表

内　容		你的收获	你的疑惑
获得知识			
掌握方法			
习得技能			
学习体会			
学习评价	自我评价		
	同学互评		
	老师寄语		

【任务资讯】

一、电路图

在这里，用 P1.0 口作为输出端，控制一只 LED。LED 的负极通过一个限流电阻连接到单片机 P1.0 口，正极与电源正极相连。电路图如图 3-1-1 所示。

当 P1.0 输出低电平时，LED 发光，当 P1.0 输出高电平时，LED 熄灭。

二、相关语句

1. While 语句

（1）格式。

```
    While （表达式）
```

```
{语句（内部也可为空）}
```

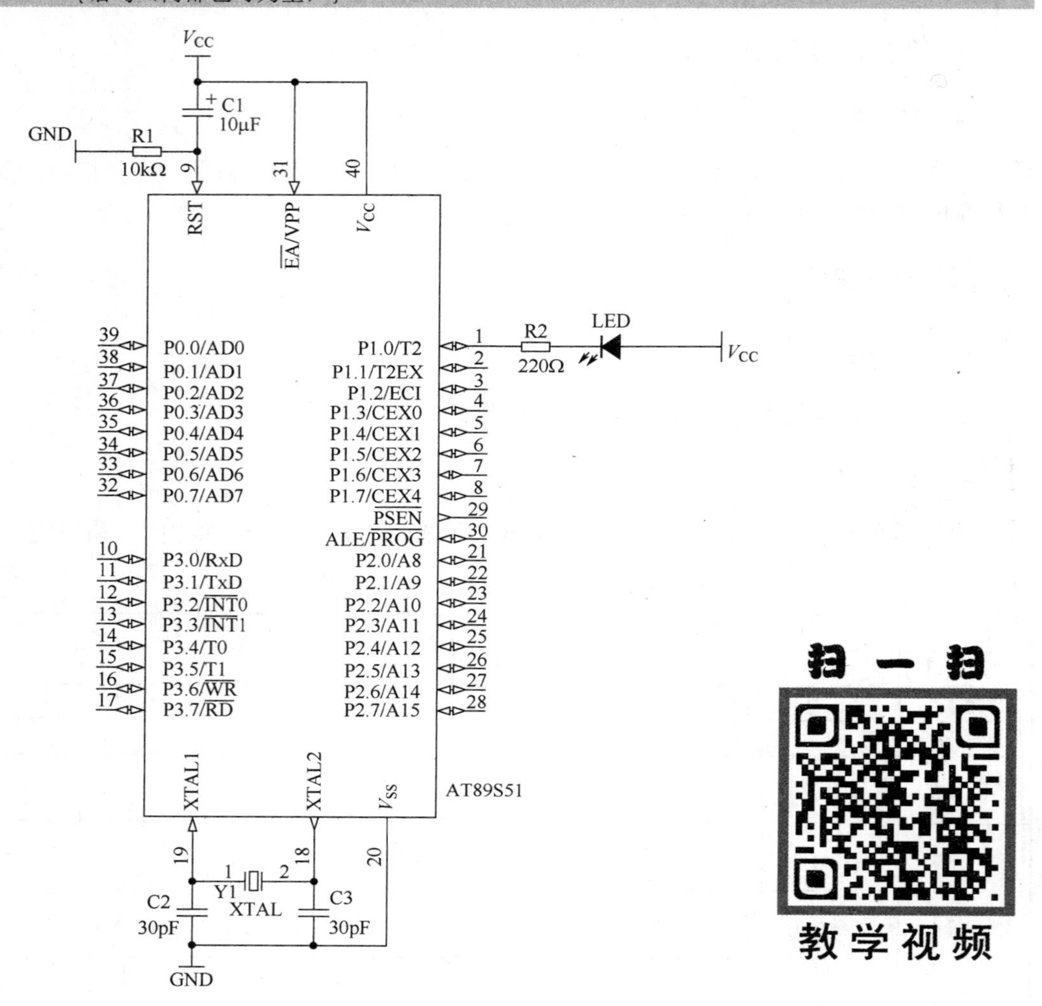

图 3-1-1　单片机控制一只 LED 闪烁电路

（2）特点：先判断表达式，后执行语句。

（3）原则：若表达式不是 0，即为真，那么执行语句。否则跳出 while 语句。

例如：

```
a=1000;
while(a--);
……
```

这段程序表示：语句 while(a--)每执行一次，变量 a 减 1，只要 a 不为 0，则一直执行该语句，否则执行下一条语句，因此，这个程序将执行 1001 次 while(a--)，起到延时的作用。

2. for 语句

（1）格式。

```
for (表达式 1;表达式 2;表达式 3)
```

```
{语句（内部可为空）}
```

（2）执行过程。

① 求解一次表达式 1。

② 求解表达式 2，若其值为真（非 0，即为真），则执行 for 中语句。然后执行第③步。否则结束 for 语句，直接跳出，不再执行第③步。

③ 求解表达式 3。

④ 跳到第②步重复执行。

例如：

```
for(i=0; i<8; i++)
{……}
```

这段程序表示：先让 i 赋值为 0，再判断"i<8"是否为真，显然"0<8"为真，则执行一次花括号中的语句，然后让 i 加 1，重新判断表达式"i<8"，因此，这个程序将执行 8 次花括号中的语句。

三、延时子程序

在 C 语言中，有一些程序段可以被多次反复调用，完成指定操作功能，这些特殊程序段称为"子程序"。延时子程序是子程序的一种，能够实现两个语句之间产生一定的延时，包括带参数和不带参数的。带参数的延时子程序在下一个任务中会应用到，这里主要介绍不带参数的延时子程序。

不带参数延时子程序的延时时间是固定的，当其他程序调用该子程序时，都会产生固定时间的延时。举例如下。

```
void delay( )
{
   unsigned char a,b,c;
   for(a=20;a>0;a--)
        for(b=20;b>0;b--)
             for(c=248;c>0;c--);
}
```

假设晶振的周期是 12MHz，则一个机器周期为 1μs。执行一条 for 语句需要两个机器周期。该子程序的延时时间计算如下

$$t=20\times20\times248\times2=198400\mu s\approx0.2s$$

调用子程序时，如果子程序写在主程序后面，则在主程序前应先声明子程序。

例如：

```
void zichengxu( );  //声明子程序
void main( )    //主程序
{
    …………
    zichengxu( ); //调用子程序
    …………
}

void zichengxu( )  //子程序
```

```
    {
        …………
    }
```

如果子程序写在主程序前面，则直接调用，不需声明。

例如：

```
void zichengxu( )  //子程序
{
…………
}
void main( )   //主程序
{
    …………
    zichengxu( ); //调用子程序
    …………
}
```

四、宏定义

宏定义就是用一个指定的标识符来代表一个字符串。宏定义有两种形式，即不带参数的宏定义和带参数的宏定义。宏定义通过宏定义命令#define 来实现。

1. 不带参数的宏定义

不带参数的宏定义命令的一般格式为：

```
#define 标识符 字符串
```

功能：用一个简单的名字来代替一个长的字符串。其中，标识符称为“宏名”，字符串可以用引号括起来，也可以不用引号括起来，但两者有区别；#define 称为“宏定义命令”；在编译预处理时将宏名替换成字符串的过程称为“宏展开”。

例如：

```
#define PI 3.14159
```

其作用是将宏名 PI 定义为实数 3.14159。

2. 带参数的宏定义

带参数的宏定义命令的一般格式为：

```
#define 标识符（参数表） 字符串
```

字符串中包含在括号内的参数，称为形参，以后在程序中它们将被实参替换。

功能：将带形参的字符串定义为一个带形参的宏名。在程序中如果有带形参的宏名，则按#define 命令行中指定的字符串进行替换，并用实参替换形参，这被称为“宏调用”。

例如：

```
#define S(a,b) a*b
```

其作用是定义一个宏 S，它带有两个形参 a、b。若程序中有语句：

```
area=S(2,3);
```

则替换成：

```
area=2*3;
```

说明如下。

（1）带参数的宏调用时，只是将语句中宏名后面括号内的实参代替#define 命令行中的

形参。当宏调用中包含的实参有可能是表达式时，在宏定义时要用括号把形参括起来，以避免错误。

例如，使用带参数的宏定义求圆面积时，宏定义为：

```
#define S(r) 3.14159*r*r
```

若程序中有语句：

```
area=S(a);
```

则替换成：

```
area=3.14159*a*a; //正确
```

若程序中有如下语句：

```
area=S(a+b);
```

则替换成：

```
area=3.14159*a+b*a+b; //错误
```

所以宏定义应改为：

```
#define S(r) 3.14159*(r)*(r)
```

若程序中有语句：

```
area=S(a+b);
```

则替换成：

```
area=3.14159*(a+b)*(a+b); //正确
```

（2）在宏定义时，在宏名与带参数的括号之间不能有空格，否则将空格以后的全部字符都作为无参数宏所定义的字符串。

例如：

```
#define S (r) 3.14159*r*r
```

则认为S是不带参数的宏定义，它代表字符串“(r)　3.14159*r*r”。

若程序中有：

```
area=S(a);
```

则替换成：

```
area=(r) 3.14159*r*r (a); //错误
```

注意，带参数的宏和函数有以下区别：

（1）两者的定义形式不一样。宏定义中只给出形式参数，而不要指明每一个形式参数的类型；而在函数定义时，必须指定每一个形式参数的类型。

（2）函数调用是在程序运行时进行的，分配临时的内存单元；而宏调用则是在编译前进行的，并不分配内存单元，不进行值的传递处理。

（3）函数调用时，先求实参表达式的值，然后将值代入形参；而宏调用时只是用实参简单地替换形参。

（4）函数调用时，要求实参和形参的类型一致，而宏调用时不存在类型问题。

（5）使用宏次数多时，宏展开后源程序变长，因为每一次宏展开都使源程序增长，而函数调用不使源程序变长。

五、编程流程图和参考程序

以下是一只LED闪烁的编程流程图（图3-1-2和图3-1-3）和参考程序，共有两个方案。

（1）用while语句实现延时。

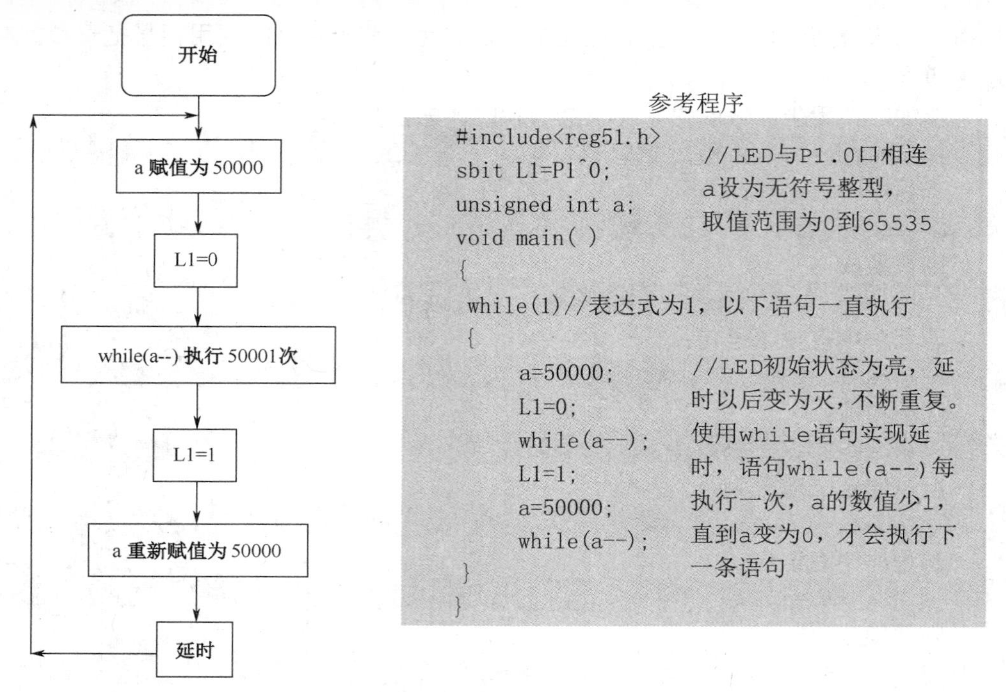

图 3-1-2　用 while 语句实现延时编程流程图

（2）用延时子程序实现延时。

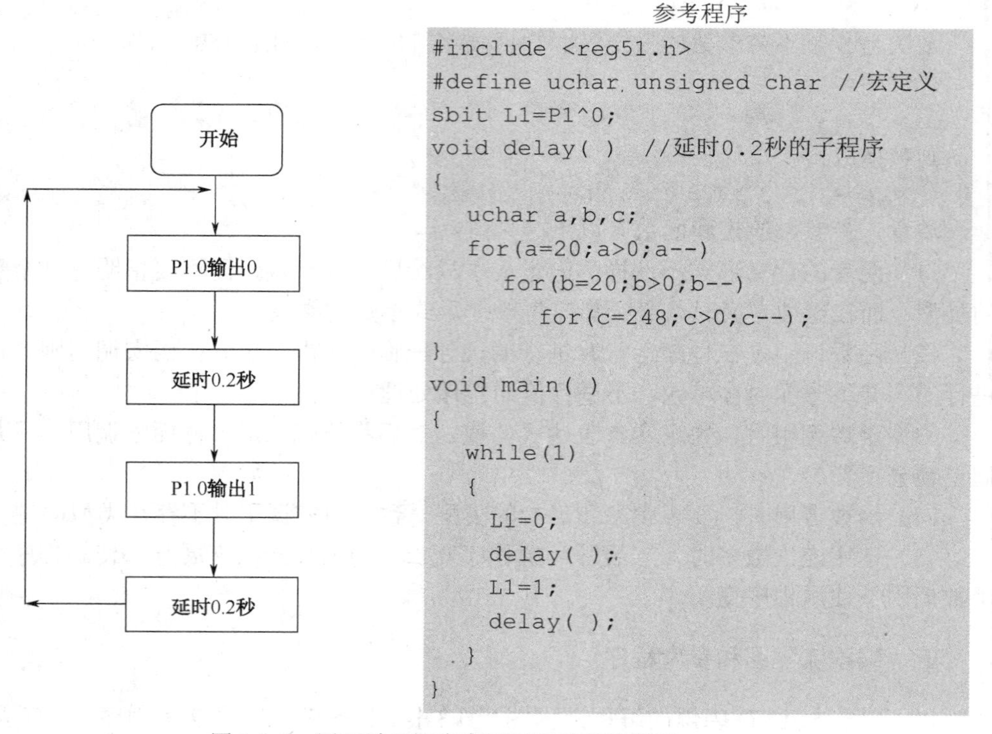

图 3-1-3　用延时子程序实现延时编程流程图

任务二　让发光二极管循环闪烁

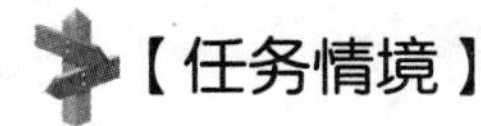

【任务情境】

政教处要制作一块优秀学生展示牌，要求电子专业的同学们利用所学知识，给这个牌子做一些修饰。成功制作完 LED 闪烁电路以后，祝某某和同学们信心大增，他们觉得这是自己一展身手的好机会，经过讨论，他们决定给这个牌子的四周加上不断循环闪烁的 LED。

【任务描述】

用 C 语言编写程序，让单片机实现 8 只 LED 循环闪烁的功能。

【计划与实施】

一、连一连

连接图 3-2-1 所示电路，并添加适当元器件，使图中的 8 只 LED 受单片机的 8 位 I/O 口控制。

二、画一画

绘制实现 LED 单灯循环闪烁和来回摆动闪烁的编程流程图。

三、填一填

（1）完成以下程序，实现 LED 单灯循环闪烁的效果。

```
#include <reg51.h>
#include <intrins.h>
#define uchar unsigned char
#define uint unsigned int
void delay(uchar x)
{
   uint a,b;
   ______(a=200;a>0;a--)
       ______(b=x;b>0;b--);
}
void main()
{
   uchar LED;
   LED=________;
   _____________
   {
     ________=LED;
```

```
        ____________;
        LED=_crol_ (LED,1);
    }
}
```

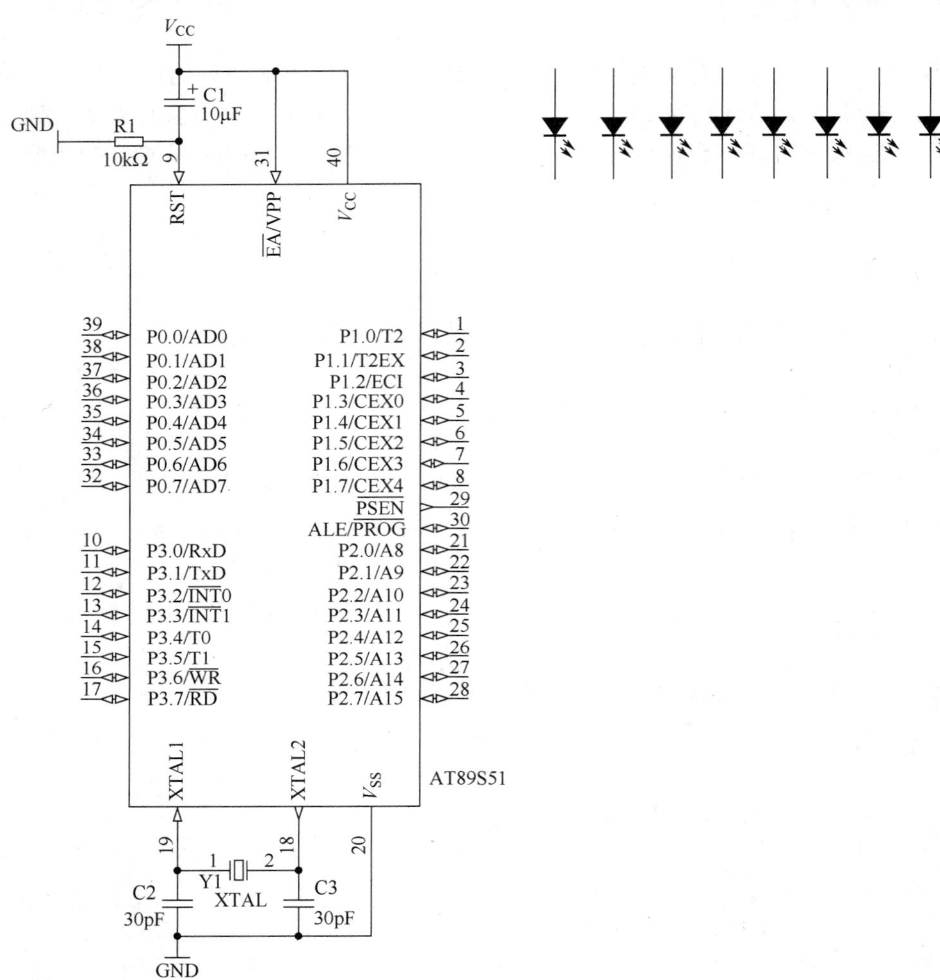

图 3-2-1　电路图

（2）完成以下程序，实现 LED 来回摆动。闪烁的效果。

```
#include <reg51.h>
#include<intrins.h>
#define uint unsigned int
#define uchar unsigned char
void delay(uchar x)
{
    uint a,b;
    _____(b=500;b>0;b--)
        ______(a=x;a>0;a--);
}
```

```
void main()
{
    uchar c,i,j;
    uchar LED;
    ________
   {
    LED=______;
    for(i=7;i>0;i--)
    {
      _______=LED;
      ___________;
      LED=_crol_(LED,1);
    }
    for(j=7;j>0;j--)
    {
     ________=LED;
     ____________;
     LED=_cror_(LED,1);
    }
   }
}
```

四、调一调

在项目一制作的单片机最小应用系统的基础上制作本电路，编译、烧录程序，并将烧录程序的单片机安装到电路中，接通电源进行调试。

【练习与评价】

一、练一练

编写程序，控制 8 只 LED 进行双灯循环闪烁。

二、评一评

请回顾在本任务进程中你的收获和疑惑，并在表 3-2-1 中写出你的体会和评价。

表 3-2-1　任务总结与评价表

内　　容	你的收获	你的疑惑
获得知识		
掌握方法		
习得技能		
学习体会		

续表

学习评价	自我评价	
	同学互评	
	老师寄语	

【任务资讯】

一、电路图

在这里，用 P1 口作为输出端，其 8 位分别控制 8 只 LED。LED 采用共阳极接法。电路图如图 3-2-2 所示。

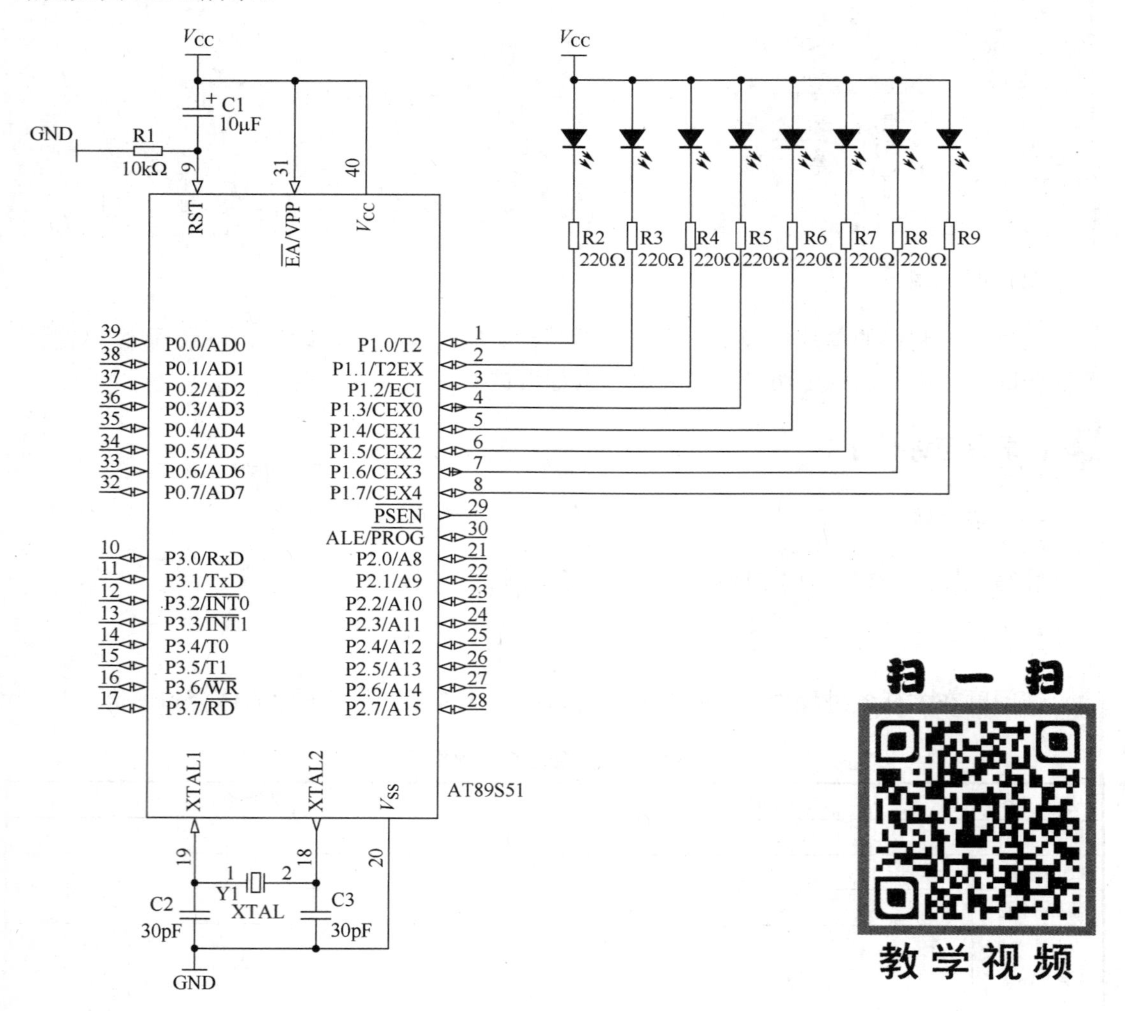

图 3-2-2　8 只循环闪烁的电路图

二、循环移位函数

_crol_和_cror_是 C-51 库函数里的两个函数，它们都包含在“intrins.h”这个头文件中，所以在程序中必需把这个头文件包含进来，即

```
#include <intrins.h>
```

（1）_crol_是循环左移函数，能实现变量按要求进行循环左移。

例如：

```
a=0xfe ; a=_crol_(a, 1)
```

就是将二进制数 1111 1110 进行循环左移一位，变成 1111 1101。所以，变量 a 最终值变为 0xfd。

（2）_cror_是循环右移函数，能实现变量按要求进行循环右移。

例如：

```
a=0xfe ; a=_cror_(a, 1)
```

就是将二进制数 1111 1110 进行循环右移一位，变成 01111 111。所以，变量 a 最终值变为 0x7f。

三、带参数的延时子程序

在上个任务中，介绍了不带参数的延时子程序。这里要介绍一下带参数的延时子程序，与不带参数的延时子程序不同的是，带参延时子程序可以根据需要，通过设置参数大小，从而改变延时时间。

例如：

```
void delay(uchar x)              //字符型变量x为该子程序的参数
{
uchar a;
  uint b;
  for(b=500;b>0;b--)
for(a=x;a>0;a--);
}
void main()
{
  ……
  delay(20);                     //x=20
  ……
  delay(200);                    //x=200
}
```

在这个程序中，两次调用子程序时，参数值不同，延时时间也就不一样。

四、编程流程图和参考程序

1. 单灯左右摆动循环闪烁的编程流程图（图 3-2-3）和参考程序

（1）编程流程图。

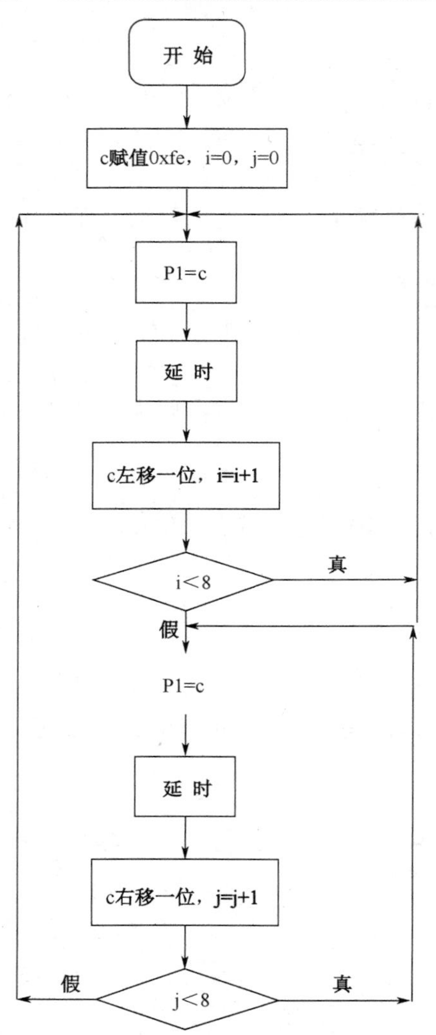

图 3-2-3 单灯左右摆动循环闪烁的编程流程图

（2）参考程序。

```
#include <reg51.h>
#include<intrins.h>
#define uint unsigned int
#define uchar unsigned char
void delay(uchar x)
{
  uchar a;
  uint b;
  for(b=500;b>0;b--)
for(a=x;a>0;a--);
}
void main()
{
  uchar c,i,j;
```

```
  while(1)
  {
    c=0xfe;
    for(i=0;i<7;i++)                          // 以下语句循环执行
    {                                         7次，左移至第一只LED
P1=c;                                         亮时，跳出循环，开始执
delay(50);                                    行右移语句。
c=_crol_(c,1);
    };
    for(j=0;j<7;j++)                          // 以下语句循环执行
    {                                         七次，右移至最后一个
P1=c;                                         LED亮时，跳出循环，开
delay(100);                                   始执行左移语句。
c=_cror_(c,1);
    }
  }
}
```

2. 单灯左移循环闪烁的编程流程图（图 3-2-4）和参考程序

（1）编程流程图。

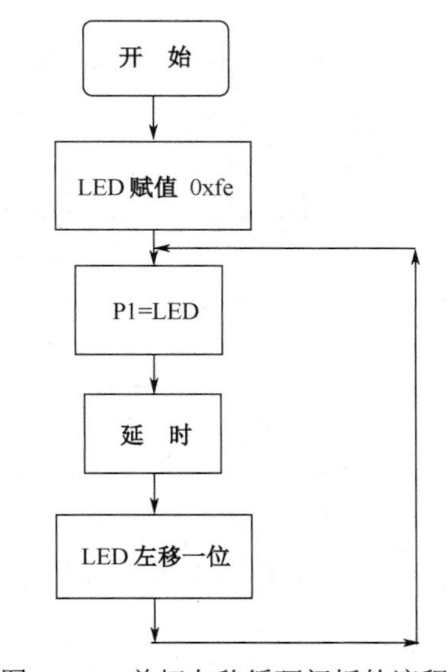

图 3-2-4　单灯左移循环闪烁的流程图

（2）参考程序。

```
#include <reg51.h>
#include <intrins.h>
#define uchar unsigned char
#define uint unsigned int
void delay(uchar x)    //延时子程序
{
 uint a,b;
 for(a=200;a>0;a--)
```

```
    for(b=x;b>0;b--);
}
void main()
{
  uchar LED;                          //定义变量
  LED=0xfe;                           //给变量赋初值
  while(1)                            //以下语句不断循环执行
  {
  P1=LED;                             //将变量的初值赋给P1口
  delay(100);                         //延时一段时间
  LED=_crol_ (LED,1);                 //循环左移一位
  }
}
```

五、过程分析

1. 单灯左移循环闪烁过程分析

在这个程序中，由于执行了循环左移指令，所以 P1.0～P1.7 每次送出的数据都是不同的。因此，图 3-2-2 中的 8 只 LED 每次点亮的情况都不相同，这样就达到循环闪烁的效果了。具体数据如表 3-2-2 所示。

表 3-2-2　P1.0～P1.7 送出具体数据

P1.7	P1.6	P1.5	P1.4	P1.3	P1.2	P1.1	P1.0	说明
1	1	1	1	1	1	1	0	L1 亮
1	1	1	1	1	1	0	1	L2 亮
1	1	1	1	1	0	1	1	L3 亮
1	1	1	1	0	1	1	1	L4 亮
1	1	1	0	1	1	1	1	L5 亮
1	1	0	1	1	1	1	1	L6 亮
1	0	1	1	1	1	1	1	L7 亮
0	1	1	1	1	1	1	1	L8 亮

2. 单灯左右摆动循环闪烁过程分析

这种循环闪烁状态其实是将循环左移和循环右移这两个过程组合在一起，即当左移依次点亮 8 只 LED 后，开始右移依次点亮 8 只 LED，如此不断重复。

任务三　控制 LED 以多种花样进行闪烁

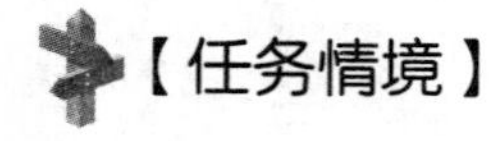

经过大家的共同努力，政教处的“优秀学生展示牌”受到全校师生的一致好评，体验到了成功的快乐。通过这次成功的制作，祝某某和同学们积累了丰富的实践经验。为了赶在国庆之前完成老师的任务，于是他们又马不停蹄地开始制作节日彩灯了。

【任务描述】

以单片机为核心，制作一节日彩灯，要求控制 16 只 LED，闪烁的花样至少有两种。

【计划与实施】

一、想一想

思考并写出你的制作思路。

二、连一连

连接图 3-3-1 所示电路，并添加适当元器件，组成 16 只 LED 的彩灯电路。

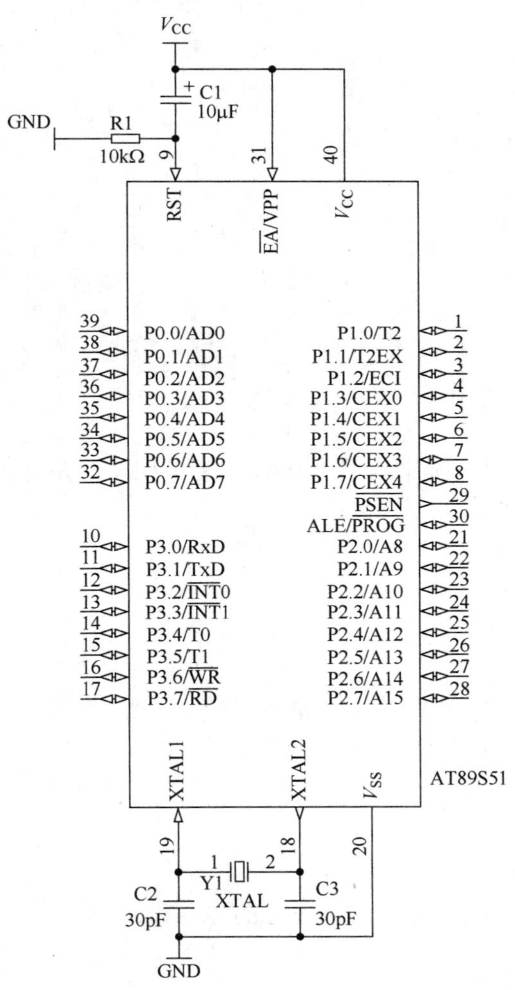

图 3-3-1　电路图

三、画一画

绘制实现 16 只 LED 以两种不同花样闪烁的编程流程图。

四、填一填

在任务指导中提供了多种花样子程序，从中选择两种，填入以下程序中，实现LED以两种闪烁花样不断循环变换（也可以自己编写其他花样）。

```
#include <reg51.h>
#define uint unsigned int
void delay( ) ;
 void __________;
void ________; //花样子程序声明
void main()
{
  while(1)
  {
 ____________;
delay( ) ;
___________;
  }
}
void delay( )
{
 uint a,b;
 for(a=______;a>0;a--)
    for(b=_______;b>0;b--);
}
```

五、调一调

在项目一制作的单片机最小应用系统的基础上制作本电路，编译、烧录程序，并将烧录程序的单片机安装到电路中，接通电源进行调试。

【练习与评价】

一、练一练

（1）节日彩灯电路的LED有哪些连接方式？假设有16只LED分别与P1口和P2口相连，不同的连接方式时，要使LED全部发光，应如何给它们赋值？

（2）思考：如何人为控制彩灯闪烁的花样变化？

二、评一评

请回顾在本任务进程中你的收获和疑惑，并在表3-3-1中写出你的体会和评价。

表3-3-1　任务总结与评价表

内　　容	你的收获	你的疑惑
获得知识		
掌握方法		
习得技能		

续表

学习体会		
学习评价	自我评价	
	同学互评	
	老师寄语	

【任务资讯】

一、节日彩灯简介

随着电子技术的发展，市场上的 LED 产品琳琅满目，用 LED 做成的节日彩灯更是五花八门，为我们的世界增添了不少光彩，如图 3-3-2 所示。LED 彩灯的驱动方式多种多样，使用单片机控制就是其中一种，这种控制方式使彩灯的闪烁方式更加多样化，是目前比较普遍的控制方式。

图 3-3-2　LED 彩灯

二、电路图

在这里，16 只 LED 分别与 P1 和 P2 口相连，LED 采用共阳极接法，与 LED 串联的 16 只电阻的阻值取 220Ω，起限流作用。电路图如图 3-3-3 所示。

三、闪烁花样子程序举例

16 支 LED 可以各种花样进行闪烁，下面例举了 5 种花样子程序。

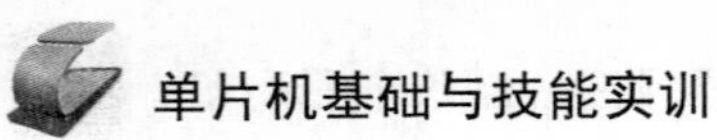

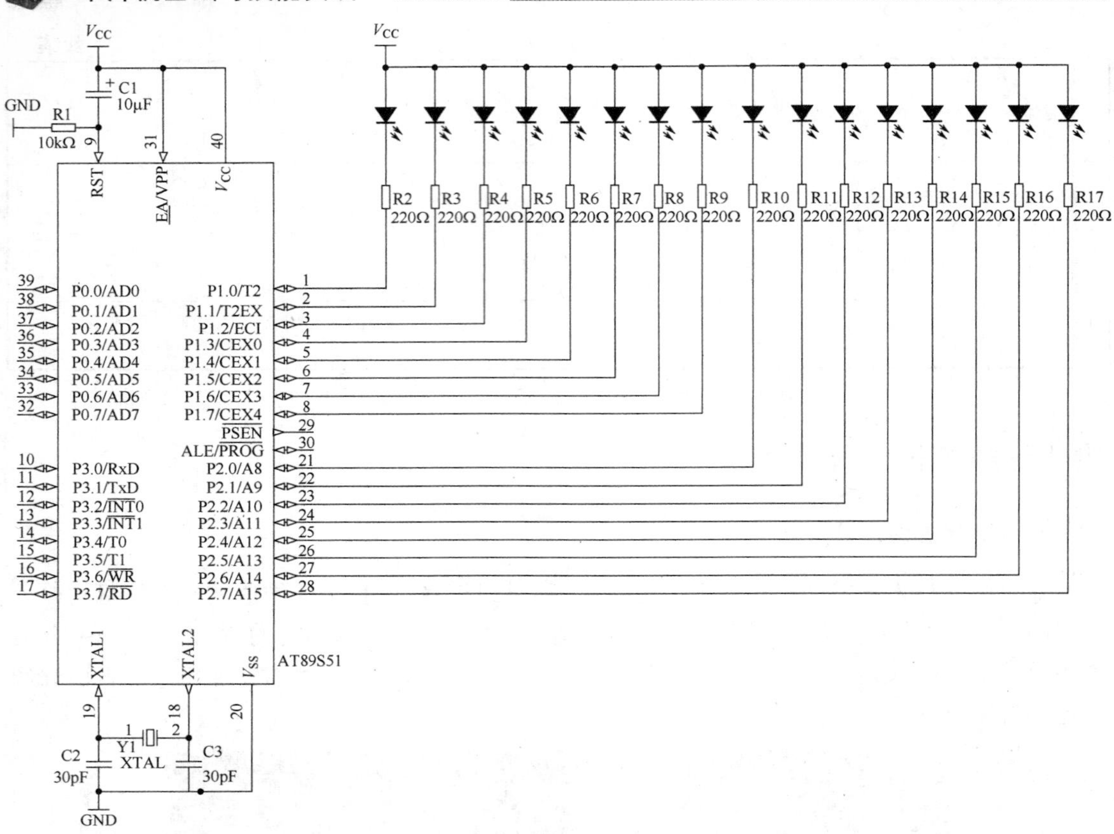

图 3-3-3　16 只 LED 彩灯电路图

【例 3-1】16 只 LED 全部亮。

```
void huayang1()
{
  P1 = 0x00;                    //点亮P1口的8只LED
  P2 = 0x00;                    //点亮P2口的8只LED
}
```

【例 3-2】16 只 LED 同时闪烁。

```
void huayang2()
{
  P1 = 0x00;                    //点亮P1口的8只LED
  P2 = 0x00;                    //点亮P2口的8只LED
  delay();                      //延时
  P1 = 0xff;                    //熄灭P1口的8只LED
  P2 = 0xff;                    //熄灭P2口的8只LED
  delay();
}
```

【例 3-3】双 LED 跑马灯，即按顺序点亮相邻两只 LED，不断重复。

```
void huayang3()
{
  unsigned char LED=0x3f;
  unsigned char i,j;
```

```
  for(i=0; i<3; i++)          //以下程序运行4次
     {
      P1=LED;                 //点亮P1口的高位两只LED
      delay();                //延时
      LED=_cror_ (LED,2);     //右移两位
     }
P1=0xff;                      //点亮P1口的低位两只LED后熄灭P1口的8只LED
LED=0x3f;
for(j=0; j<3; j++)            //以下程序运行4次
    {
     P2=LED;                  //点亮P2口的高位两只LED
     delay();                 //延时
     LED=_cror_ (LED,2);      //右移两位
    }
}
```

【例 3-4】跑马灯，即依次点亮每只 LED，不断重复。

```
void huayang4()
{
unsigned char LED=0x7f;
unsigned char i,j;
for(i=0; i<7; i++)
    {
     P1=LED;                  //点亮P1口最高位一只LED
     delay();                 //延时
     LED=_cror_ (LED,1);      //右移一位，依次点亮
    }
P1=0xff;                      //点亮最低位的LED后熄灭P1口的8只LED
LED=0x7f;
for(j=0; j<7; j++)
    {
     P2=LED;                  //点亮P2口最高位一只LED
     delay();                 //延时
     LED=_cror_ (LED,1);      //右移一位，依次点亮
    }
}
```

【例 3-5】流水灯，依次点亮 16 只 LED 达到来回流动的状态。

```
void huayang5()
{
  unsigned char LED=0xfe;
  unsigned char i,j;
  for(i=8;i>0;i--)          //以下程序运行8次
  {
    P2=LED;                 //点亮P2口最低位一只LED
    delay();                //延时
    LED=_crol_(LED,1);      //左移一位，依次点亮
  }
P2=0xff;                    //点亮最高位的LED后熄灭P2口的8只LED
```

```
    LED=0xfe;
    for(i=7;i>0;i--)            ////以下程序运行7次
    {
        P1=LED;                 //点亮P1口最低位一只LED
        delay();                //延时
        LED=_crol_(LED,1);      //左移一位，依次点亮
    }
    for(j=8;j>0;j--)            //以下程序运行8次
    {
        P1=LED;                 //点亮P1口最高位一只LED
        delay();                //延时
        LED=_cror_(LED,1);      //右移一位，依次点亮
    }
    P1=0xff;
    LED=0x7f;
    for(j=7;j>0;j--)            //以下程序运行7次
    {
     P2=LED;                    //点亮P2口最高位一只LED
     delay();                   //延时
     LED=_cror_(LED,1);         //右移一位，依次点亮
    }
    }
```

四、编程流程图（图 3-3-4）和参考程序

本参考程序选择了花样 1 和花样 2 这两种闪烁方式，电源接通以后，16 只 LED 将以这两种方式不断循环闪烁。

（1）编程流程图。

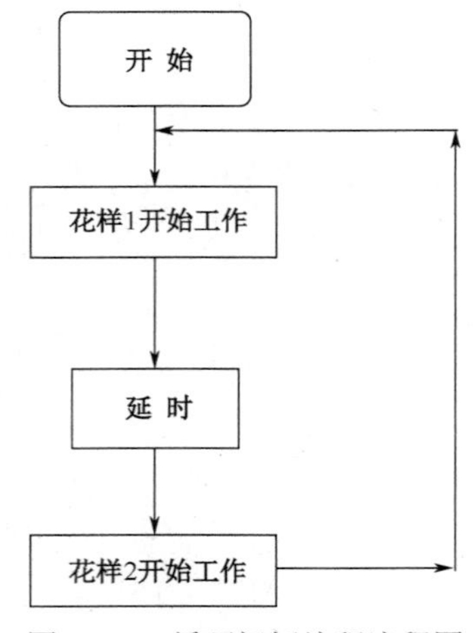

图 3-3-4　循环闪烁编程流程图

（2）参考程序。

```
#include <reg51.h>
#define uint unsigned int
void delay( ) ;
```

```
void huayang1()  ;
void huayang2()  ;              //声明
void main()
{
  while(1)
  {
    void huayang1()   ;         //运行花样1
    delay( ) ;                  //延时
    void huayang2()   ;         //运行花样2
  }
}
void delay( )
{
 uint a,b;
 for(a=200;a>0;a--)
    for(b=1000;b>0;b--);
}
void huayang1()
{
  P1 = 0x00;
  P2 = 0x00;
}
void huayang2()
{
  P1 = 0x00;
  P2 = 0x00;
  delay();
  P1 = 0xff;
  P2 = 0xff;
  delay();
}
```

项目检测

一、填空题

（1）有一些程序段可以被多次反复调用，完成指定操作功能，这些特殊程序段称为__________。

（2）如果晶振的周期是12MHz，则一个机器周期为______。

（3）调用子程序时，如果子程序写在主程序后面，则在主程序前应先__________。

（4）______就是用一个指定的标识符来代表一个字符串。

（5）_cror_是________函数，能实现变量按要求进行________。

二、语句解释

（1）a=1000;

while(a--);

（2）for(i=0; i<8; i++)

{a=a+1}

（3）_crol_（a，1）

三、计算题

假设晶振频率为12MHz，计算下列延时程序的延时时间。

（1）

```
void delay( )
{
    unsigned char i,j;
    for(i=100;i>0;i--)
      for(j=200;j>0;j--);
}
```

（2）

```
void delay( )
{
    unsigned char a,b,c;
    for(a=20;a>0;a--)
    for(b=20;b>0;b--)
      for(c=248;c>0;c--);
}
```

项目四　制作定时器

项目目标

（1）能对数码管进行识别和检测，会定义和使用数组变量，会使用 if 语句编程，能让单片机控制数码管显示数字。

（2）会使用动态扫描的方式让数码管显示数字，会利用定时器中断设置一秒的标准延时。

（3）会使用 switch-case 语句编程，会制作 60 秒定时器。

项目内容

（1）让单个数码管显示数字。

（2）让多个数码管显示数字。

（3）完成 60 秒定时器的制作。

项目进程

任务一　让单个数码管显示数字

【任务情境】

图 4-1-1　电子万年历中的元器件

学校安排两个星期的短期实习，祝某某等几位同学被分配到一家电子万年历生产厂家。第一天，在生产车间里，小祝和同学们看到各种各样如图 4-1-1 所示的元器件，工人把这些元器件安装到电子钟上，就能够显示各个数字。他们对这个小玩意都很感兴趣，而指导老师却要求每个同学拿出万用表，要上实习阶段的第一堂课。那些小玩意是什么？拿万用表有什么用呢？

【任务描述】

制作单个数码管显示电路，让数码管显示数字。

【计划与实施】

一、画一画

画出单个数码管显示电路。

二、测一测

检测数码管，判断其类型（共阴极/共阳极），并在图 4-1-2 中标出各个引脚的名称。

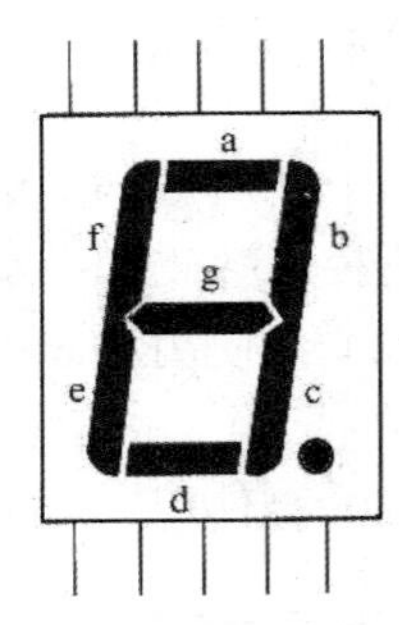

图 4-1-2　数码管

三、填一填

以共阴极数码管为例，与单片机连接电路如图 4-1-3 所示，在表 4-1-1 中填写各个引脚的电平和 P0 口的输出数据（用十六进制数表示），使数码管显示相应字符。

表 4-1-1　各引脚的电平和 P0 口的输出数据

字　符	dp	g	f	e	d	c	b	a	P0
0	0	0	1	1	1	1	1	1	0x3f
1	0								
2	0								
3	0								
4	0								
5	0								
6	0								
7	0								
8	0								
9	0								
a	0								
b	0								
c	0								
d	0								
e	0								
f	0								

四、编一编

编写程序，让数码管显示任意一个数字。

五、填一填

完成以下程序，让数码管循环显示0～9。

```
#include <reg51.h>
unsigned char b,i;
unsigned int a;
unsigned char code tabledu[]={____,____,____,____,____,
                              ____,____,____,____,____};
void display();
void delay()
{
 for(a=5000;a>0;a--)
   for(b=100;b>0;b--);
}
void main()
{
   i=0;
   while(1)
   {
   if(i==__)
   i=___;
   display();
   i____;
   delay();
   }
}
void display()
{
   P0=_______;
}
```

六、调一调

在项目一制作的单片机最小应用系统的基础上制作本电路，编译、烧录程序，并将烧录程序的单片机安装到电路中，接通电源进行调试。

【练习与评价】

一、练一练

1．填空题

（1）____________是指将所有发光二极管的阳极接到一起形成公共极的数码管，在应用时应将公共极 COM 接到________上，当某一字段发光二极管的阴极为________电平时，相应字段就点亮。

（2）___________是指将所有发光二极管的阴极接到一起形成公共极的数码管，共阴数码管在应用时应将公共极 COM 接到________上，当某一字段发光二极管的阳极为_______电平时，相应字段就点亮，当某一字段的阳极为________电平时，相应字段就不亮。

2. 编程题

编写程序，使数码管循环显示 0 和 1。

二、评一评

请回顾在本任务进程中你的收获和疑惑，并在表 4-1-2 中写出你的体会和评价。

表 4-1-2　任务总结与评价表

<table>
<tr><td>内　容</td><td colspan="2">你的收获</td><td>你的疑惑</td></tr>
<tr><td>获得知识</td><td colspan="2"></td><td></td></tr>
<tr><td>掌握方法</td><td colspan="2"></td><td></td></tr>
<tr><td>习得技能</td><td colspan="2"></td><td></td></tr>
<tr><td>学习体会</td><td colspan="3"></td></tr>
<tr><td rowspan="3">学习评价</td><td>自我评价</td><td colspan="2"></td></tr>
<tr><td>同学互评</td><td colspan="2"></td></tr>
<tr><td>老师寄语</td><td colspan="2"></td></tr>
</table>

【任务资讯】

一、电路原理图

图 4-1-3 所示为单个数码管显示电路，数码管与 P0 口相连，单片机通过 P0 口输出数据，控制数码管显示数字，图中 10kΩ 的一排电阻为上拉电阻，提高单片机的驱动能力。

二、数码管

数码管有两大类，即共阴极数码管和共阳极数码管。

数码管也称为 LED 数码管、晶美或光电，不同行业人士对数码管的称呼不一样，其实都是同样的产品。

数码管按段数可分为七段数码管和八段数码管。八段数码管比七段数码管多一只发光二极管单元（多一个小数点显示）。按能显示多少个“8”可分为 1 位、2 位、3 位、4 位、5 位、6 位、7 位等数码管。

按发光二极管单元连接方式可分为共阳极数码管和共阴极数码管。共阳极数码管是指将所有发光二极管的阳极接到一起形成公共阳极（COM）的数码管，如图 4-1-4 所示。共阳数码管在应用时应将公共极 COM 接到+5V 上，当某一字段发光二极管的阴极为低电平时，相应字段就点亮，当某一字段的阴极为高电平时，相应字段就不亮。共阴数码管是指将所有发光二极管的阴极接到一起形成公共阴极（COM）的数码管，如图 4-1-5 所示。共阴数码管在应用时应将公共极 COM 接到地线 GND 上，当某一字段发光二极管的阳极为高

电平时，相应字段就点亮，当某一字段的阳极为低电平时，相应字段就不亮。图 4-1-2 就是使用共阴极数码管组成的显示电路。

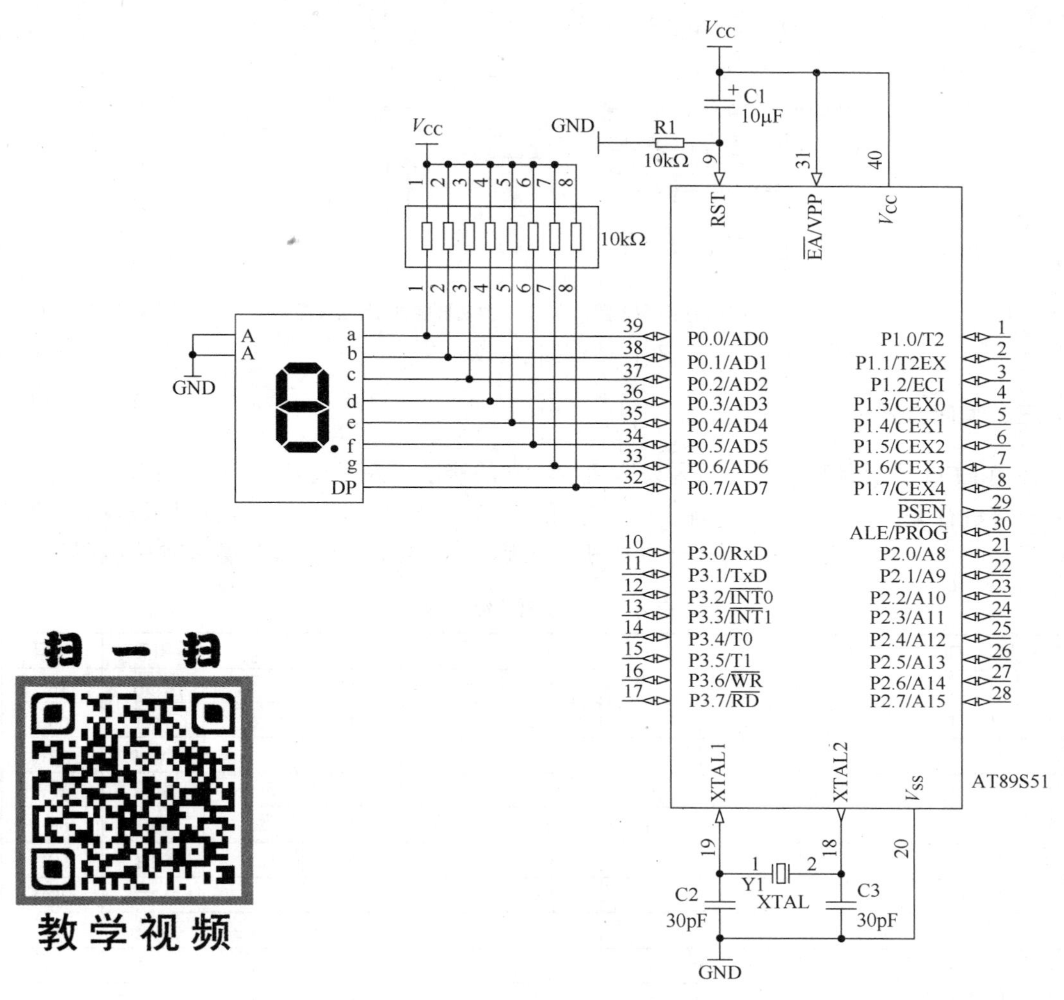

图 4-1-3　单个数码管显示电路

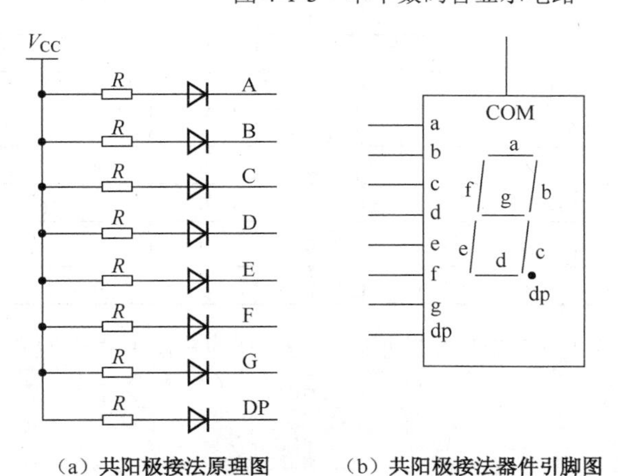

（a）共阳极接法原理图　　（b）共阳极接法器件引脚图

图 4-1-4　共阳极数码管

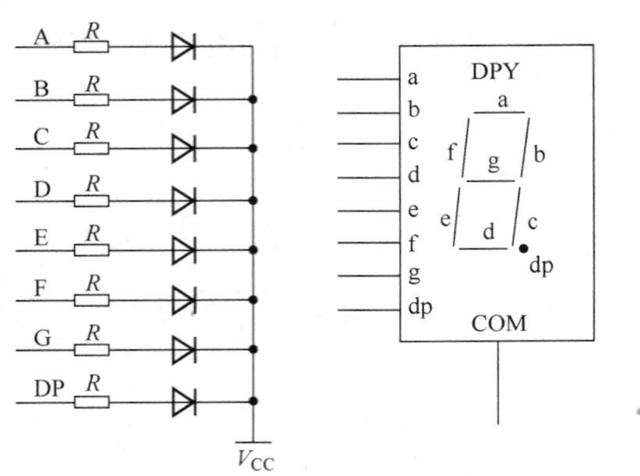

（a）共阴极接法原理图　　（b）共阴极接法器件引脚图

图 4-1-5　共阴极数码管

三、编码方式

使用 LED 显示器时，要注意区分这两种不同的接法。为了显示数字或字符，必须对数字或字符进行编码。七段数码管加上一个小数点，共计 8 段。因此为 LED 显示器提供的编码正好是一个字节。表 4-1-3 提供了共阳极（阳码）和共阴极（阴码）数码管的编码。

表 4-1-3　数码管编码表

字符	Dp	g	f	e	d	c	b	a	阳码	阴码
0	0	0	1	1	1	1	1	1	COH	3FH
1	0	0	0	0	0	1	1	0	F9H	06H
2	0	1	0	1	1	0	1	1	A4H	5BH
3	0	1	0	0	1	1	1	1	BOH	4FH
4	0	1	1	0	0	1	1	0	99H	66H
5	0	1	1	0	1	1	0	1	92H	6DH
6	0	1	1	1	1	1	0	1	82H	7DH
7	0	0	0	0	1	1	1	1	F8H	7H
8	0	1	1	1	1	1	1	1	80H	7FH
9	0	1	1	1	1	1	1	1	90H	6FH
A	0	1	1	0	1	1	1	1	88H	77H
B	0	1	1	1	1	1	0	0	83H	7CH
C	0	0	1	1	0	0	0	1	C6H	39H
D	0	1	1	1	1	1	1	0	A1H	5EH
E	0	1	1	1	0	0	0	1	86H	79H
F	0	1	1	0	0	0	0	1	81H	71H
	1	0	0	0	0	0	0	0	7FH	80H
熄灭	0	0	0	0	0	0	0	0	FFH	00H

例如，要使图 4-1-3 中的数码管显示数字 0，则应将 P0 赋值为 0x3f。编写主程序如下。

```
void main()
{
  while(1)
  {
```

```
    P0=0x3f;
  }
}
```

四、数组变量

所谓数组，就是相同数据类型的元素按一定顺序排列的集合，就是把有限个类型相同的变量用一个名字命名，然后用编号区分它们的变量的集合，这个名字成为数组名，编号成为下标。组成数组的各个变量成为数组的分量，也称为数组的元素，有时也称为下标变量。数组是在程序设计中，为了处理方便，把具有相同类型的若干变量按有序的形式组织起来的一种形式。这些按序排列的同类数据元素的集合称为数组。

定义数组变量的格式如下。

```
unsigned char code tabledu[]={0x3f,0x06,0x5b,0x4f,0x66,0x6d,0x7d,0x07,
                              0x7f,0x6f};
```

表示将字符型数组变量 tabledu[]保存在数据存储器中，数据引用方式为：tabledu[i],i为该数据的序号，如 P0 口要输出 0x3f，则 P0=tabledu[0]。

五、if 语句

if 语句是指编程语言中用来判定所给定的条件是否满足，根据判定的结果（真或假）决定执行给出的两种操作之一。C 语言提供了以下 3 种形式的 if 语句。

（1）if（表达式）语句。先判断表达式是否为真，再执行语句。

例如：

```
if(i==10)
LED=0;
```

以上语句中，==为“测试等于”运算符，表示如果测试 i=10 成立，则 LED=0。

（2）if（表达式）语句 1 和 else 语句 2。如果表达式为真，执行语句 1，否则执行语句 2。

例如：

```
if(k==0)
{LED=0;}
else
{LED=1;}
```

以上语句表示，如果 k=0 成立，则 LED=0，否则 LED=1。

（3）if（表达式 1）语句 1、else if（表达式 2）语句 2、else if（表达式 3）语句 3、else if（表达式 m）语句 m、else 语句 *n*。

多个表达式中，如果任一时刻有一个表达式为真，则执行相应的语句，如果都不成立，则执行语句 n。在每个语句中，可以有多个语句，但需要加上大括号。

例如：

```
if(!open) {LED1=0;LED2=0;}
```

以上语句表示，如果!open 为 1（即 open 为 0），则 LED1=0，LED2=0。

六、参考程序

以下程序能实现数码管循环显示 0～9 的效果。

```
#include <reg51.h>
unsigned char b,i;
unsigned int a;
unsigned char code
tabledu[]={0x3f,0x06,0x5b,0x4f,0x66,0x6d,0x7d,0x07,0x7f,0x6f};
void display();
void delay()
{
 for(a=5000;a>0;a--)
    for(b=100;b>0;b--);
}
void main()
{
    i=0;
    while(1)
    {
    if(i==10)
    i=0;
    display();
    i++;
    delay();
    }
}
void display()
{
    P0=tabledu[i];
}
```

任务二　让多个数码管显示数字

【任务情境】

这两天的实习，祝某某和同学们知道了如何用单片机控制数码管显示数字，但同时他们又发现一个问题：电子钟上有很多数码管，而单片机只有一个，如何用有限的 I/O 口控制这么多数码管呢？带着这个疑问，小祝和同学们开始了第三天的实习生活。

【任务描述】

制作 4 位数码管显示电路，使 4 个数码管分别显示 0、1、2、3。

【计划与实施】

一、连一连

连接图 4-2-1 所示电路，要求用 P0 口和 P3 口让 4 个数码管实现动态显示。

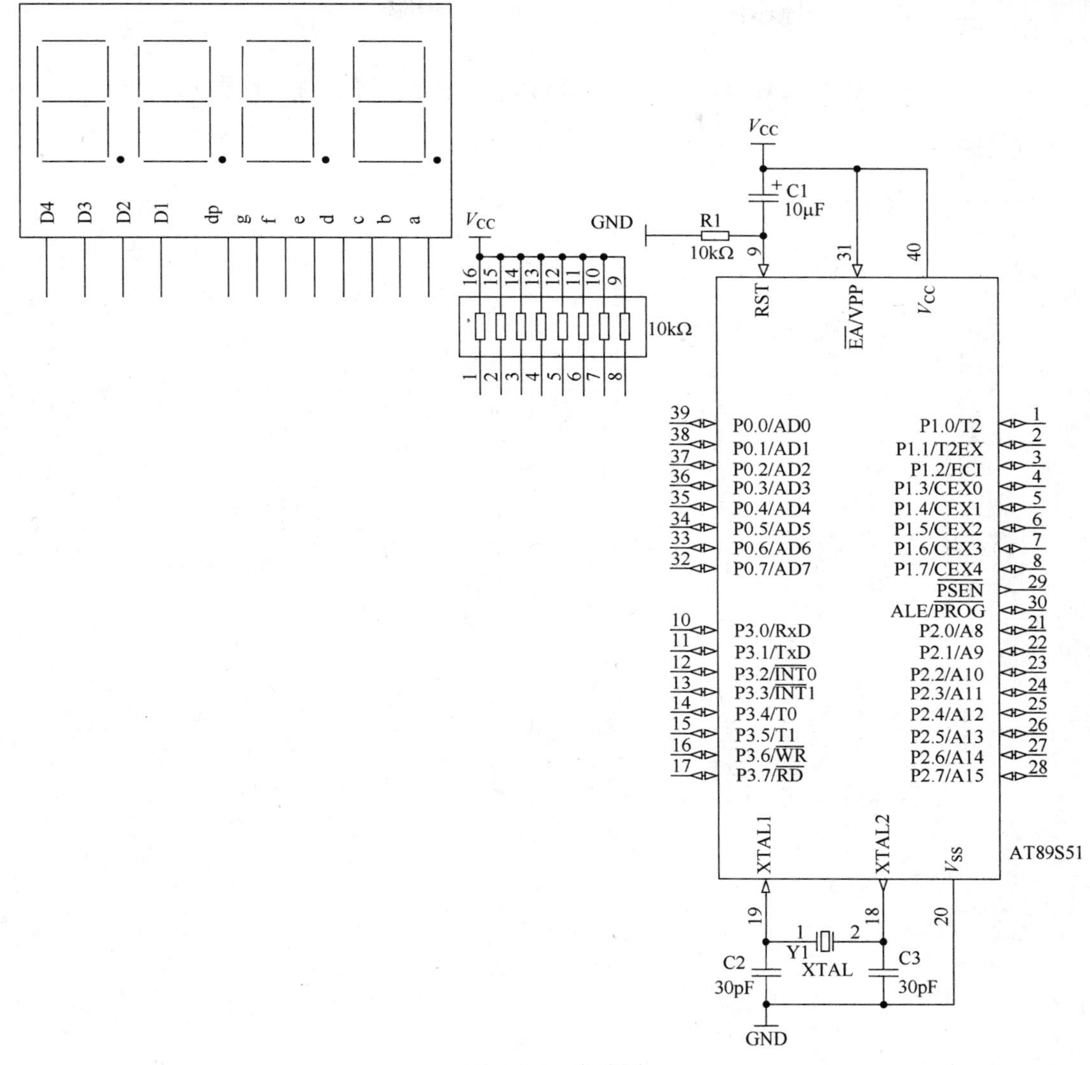

图 4-2-1　电路图

二、想一想

数码管动态显示的原理是什么？

三、连一连

开启单片机的定时器中断时，不同的定时器及不同的工作方式，需要对 TMOD 进行不同的赋值，将以下的 TMOD 赋值和相应的工作方式进行连线。

TMOD 的赋值	工作方式
0x00	T0 方式 1
0x01	T0 方式 0
0x03	T1 方式 1
0x10	T0 方式 4
0x20	T1 方式 2

四、写一写

若单片机的频率为 12MHz，写出定时 2ms 的初始化程序（用定时器 T1 方式 1）。

五、画一画

绘制编程流程图。

六、填一填

完成以下程序，实现任务描述的效果。

```
#include <reg51.h>
unsigned char num,i;
unsigned char code tabledu[]={0x3f,0x06,0x5b,0x4f};
unsigned char code tablewe[]={0xfe,0xfd,0xfb,0xf7};
void display();
void main()
{
    num=0;
    i=0;
    _____;
    _____;
    TMOD=_____;   //使用定时器T1，工作方式1
    TH1=(65536-50)/256;
    TL1=(65536-50)%256;
    _____;
    while(1);
}
void time1() interrupt 3 using 1
{
    TH1=(65536-50)/256;
    TL1=(65536-50)%256;
    num____;
    if(num==20)
    {
     num=____;
     display();
     if(i==___)
     i=0;
     else
     i++;
    }
}
void display()
{
    P2=tablewe[i];
    P0=tabledu[i];
}
```

七、调一调

在项目一制作的单片机最小应用系统的基础上制作本电路，编译、烧录程序，并将烧录程序的单片机安装到电路中，接通电源进行调试。

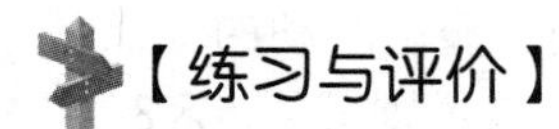

【练习与评价】

一、练一练

1．填空题

（1）数码管要正常显示，就要用________来驱动数码管的各个段码，从而显示出我们要的数字，因此根据数码管的驱动方式的不同，可以分为_______式和_______式两类。

（2）静态驱动的优点是_________，显示亮度高，缺点是_______________。

（3）动态显示时，在轮流显示过程中，每位数码管的点亮时间为________，由于人的视觉暂留现象及发光二极管的________，尽管实际上各位数码管并非同时点亮，但只要扫描的速度足够快，给人的印象就是一组稳定的显示数据。

2．计算题

假设 AT89S51 单片机晶振频率为 12MHz，要求定时时间 8ms，使用定时器 T0，工作方式 0，计算定时器初值 X。

二、评一评

请回顾在本任务进程中你的收获和疑惑，并在表 4-2-1 中写出你的体会和评价。

表 4-2-1　任务总结与评价表

<table>
<tr><td>内　容</td><td colspan="2">你的收获</td><td>你的疑惑</td></tr>
<tr><td>获得知识</td><td colspan="2"></td><td></td></tr>
<tr><td>掌握方法</td><td colspan="2"></td><td></td></tr>
<tr><td>习得技能</td><td colspan="2"></td><td></td></tr>
<tr><td>学习体会</td><td colspan="3"></td></tr>
<tr><td rowspan="3">学习评价</td><td>自我评价</td><td colspan="2"></td></tr>
<tr><td>同学互评</td><td colspan="2"></td></tr>
<tr><td>老师寄语</td><td colspan="2"></td></tr>
</table>

【任务资讯】

一、LED 数码显示方式及电路

数码管要正常显示，就要用驱动电路来驱动数码管的各个段码，从而显示出我们要的数字，因此根据数码管驱动方式的不同，可以分为静态式和动态式两类。

1．静态显示驱动

静态驱动也称为直流驱动。静态驱动是指每个数码管的每一个段码都由一个单片机的I/O端口进行驱动，或者使用BCD码二—十进制译码器译码进行驱动。静态驱动的优点是编程简单，显示亮度高，缺点是占用I/O端口多，如驱动5个数码管静态显示则需要5×8=40个I/O端口来驱动，要知道一个89S51单片机可用的I/O端口才32个，实际应用时必须增加译码驱动器进行驱动，增加了硬件电路的复杂性。图4-2-2所示即为静态显示电路，该电路用P0口和P1口驱动两个数码管，输出端的8个电阻起到电平上拉的作用，保证有足够的驱动电流。

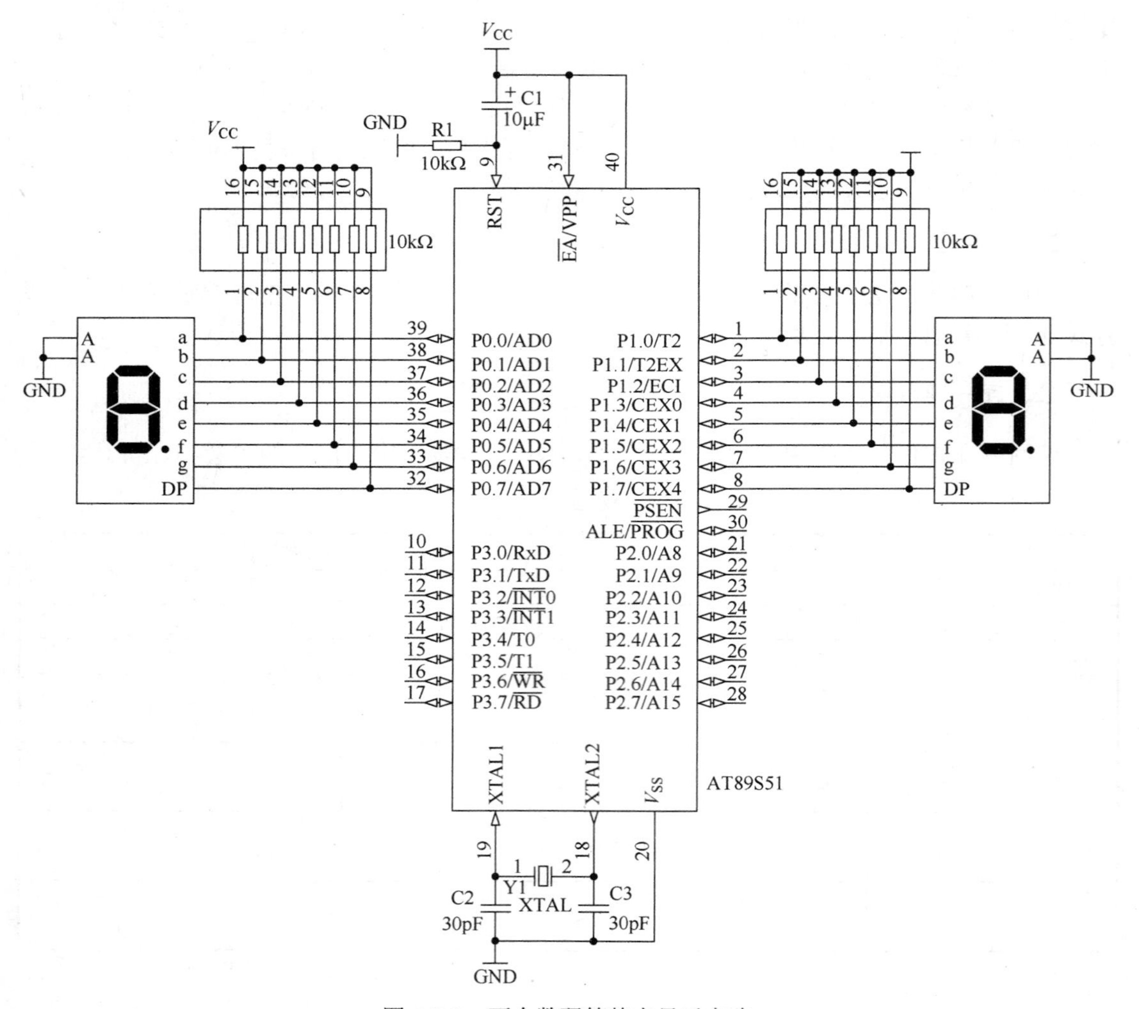

图4-2-2　两个数码管静态显示电路

2．动态显示驱动

数码管动态显示接口是单片机中应用最为广泛的一种显示方式。动态驱动是将所有数码管的8个显示笔画“a、b、c、d、e、f、g、dp”的同名端连在一起，另外为每个数码管

的公共极 COM 增加位选通控制电路，位选通由各自独立的 I/O 线控制，当单片机输出字形码时，所有数码管都接收到相同的字形码，但究竟是哪个数码管会显示出字形，取决于单片机对位选通 COM 端电路的控制，所以只要将需要显示的数码管的选通控制打开，该位就显示出字形，没有选通的数码管就不会亮。通过分时轮流控制各个数码管的 COM 端，就使各个数码管轮流受控显示，这就是动态驱动。在轮流显示过程中，每位数码管的点亮时间为 1～2ms，由于人的视觉暂留现象及发光二极管的余晖效应，尽管实际上各位数码管并非同时点亮，但只要扫描的速度足够快，给人的印象就是一组稳定的显示数据，不会有闪烁感。动态显示的效果和静态显示是一样的，能够节省大量的 I/O 端口，而且功耗更低。图 4-2-3 所示即为动态显示电路，该电路通过 P0 口向 4 个数码管输入数据，并用 P3 口选通各个数码管，使其显示字符。

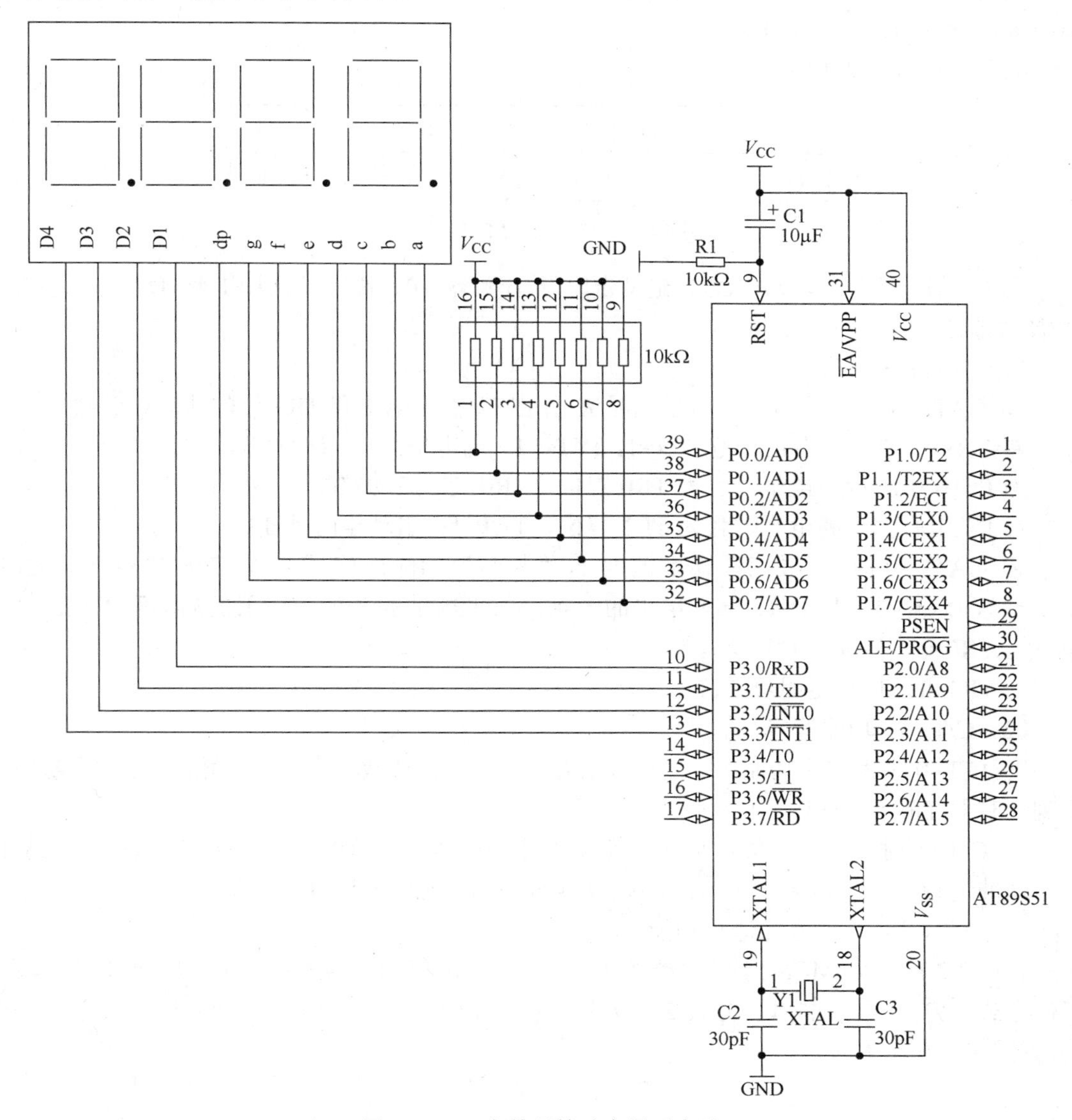

图 4-2-3　4 个数码管动态显示电路

二、定时器中断

定时器/计数器是 MCS-51 单片机的一个重要的功能部件。在计算机控制系统中常用定时器作实时时钟来实现定时检测、定时控制。还可以用定时器产生毫秒宽的脉冲、驱动步进电机等执行机构。计数器主要用于对外部事件的计数。此外，定时/计数器还可用作串行接口的波特率发生器。

1. 定时器/计数器的控制

与定时器/计数器有关的控制寄存器有以下几种。

1）工作方式控制寄存器 TMOD

定时器/计数器模式控制寄存器 TMOD 是一个逐位定义的 8 位寄存器，但只能使用字节寻址，其字节地址为 89H。

其格式如图 4-2-4 所示。

D7	D6	D5	D4	D3	D2	D1	D0
GATE	$C/\overline{T}$	M1	M0	GATE	$C/\overline{T}$	M1	M0

图 4-2-4　寄存器 TMDD 的格式

其中，低 4 位（即 D0～D3）定义定时器/计数器 T0，高 4 位（即 D4～D7）定义定时器/计数器 T1。

（1）GATE——门控制。

① GATE=1 时，“与门”的输出信号 K 由 INTx 输入电平和 TRx 位的状态一起决定（即此时 K=TRx・INTx），当且仅当 TRx=1，INTx=1（高电平）时，计数启动；否则，计数停止。

当 INT0 引脚为高电平时且为 TR0 置位，TR0=1；启动定时器 T0。

当 INT1 引脚为高电平时且为 TR1 置位，TR1=1；启动定时器 T1。

② GATE=0 时，“或门”输出恒为 1，“与门”的输出信号 K 由 TRx 决定（即此时 K=TRx），定时器不受 INTx 输入电平的影响，由 TRx 直接控制定时器的启动和停止。

当 TR0=1，启动定时器 T0。

当 TR1=1，启动定时器 T1。

（2）C/T——功能选择位。

① C/T=0 时为定时功能：加 1 计数器对脉冲 f 进行计数，每来一个脉冲，计数器加 1，直到计时器 TFx 满溢出。

② C/T=1 时为计数功能：加 1 计数器对来自输入引脚 T0（P3.4）和 T1（P3.5）的外信号脉冲进行计数，每来一个脉冲，计数器加 1，直到计时器 TFx 满溢出。

（3）M0、M1——方式选择功能。

表 4-2-2 所示为 MCS-51 定时器的工作方式和功能说明。MCS-51 的定时器 T0 有 4 种工作方式：方式 0、方式 1、方式 2、方式 3。MCS-51 的定时器 T1 有 3 种工作方式：方式 0、方式 1、方式 2。

表 4-2-2　MCS 51 定时器工作方式及功能说明

M1	M0	工 作 方 式	功 能 说 明
0	0	方式 0	13 位定时器/计数器
0	1	方式 1	16 位定时器/计数器
1	0	方式 2	自动重载 8 位定时器/计数器
1	1	方式 3	T0 分为两个 8 位独立计数器，T1 停止计数

2）定时器/计数器控制寄存器 TCON

（1）TCON 在特殊功能寄存器中，字节地址为 88H，由于有位地址，十分便于进行位操作。

（2）TCON 的作用是控制定时器的启、停，标志定时器溢出和中断情况。

（3）TCON 的格式如图 4-2-5 所示。其中，TF1、TR1、TF0 和 TR0 位用于定时器/计数器；IE1、IT1、IE0 和 IT0 位用于中断系统。

D7	D6	D5	D4	D3	D2	D1	D0
TF1	TR1	TF0	TR0	IE1	IT1	IE0	IT0

图 4-2-5　寄存器 TCON 的格式

各位定义如下。

① TF1：定时器 1 溢出标志位。当定时器 1 计满溢出时，由硬件使 TF1 置“1”，并且申请中断。进入中断服务程序后，由硬件自动清“0”，在查询方式下用软件清“0”。

② TR1：定时器 1 运行控制位。由软件清“0”关闭定时器 1。当 GATE=1，且 INT1 为高电平时，TR1 置“1”启动定时器 1；当 GATE=0，TR1 置“1”启动定时器 1。

③ TF0：定时器 0 溢出标志。其功能及操作情况同 TF1。

④ TR0：定时器 0 运行控制位。其功能及操作情况同 TR1。

⑤ IE1：外部中断 1 请求标志位。

⑥ IT1：外部中断 1 触发方式选择位。当 IT1=0，为低电平触发方式；当 IT1=1，为下降沿触发方式。

⑦ IE0：外部中断 0 请求标志位。

⑧ IT0：外部中断 0 触发方式选择位。 当 IT0=0，为低电平触发方式；当 IT0=1，为下降沿触发方式。

TCON 中低 4 位与中断有关。由于 TCON 是可以位寻址的，因此如果只清溢出或启动定时器工作，可以用位操作命令。例如，执行“CLR TF0”后则清定时器 0 的溢出；执行“SETB TR1”后可启动定时器 1 开始工作。

3）允许中断寄存器 IE

IE 也可以进行位寻址，单片机内部有 6 个中断，在 IE 里面都有相应的一个允许使能的控制位。其中，EA 为中断的总使能，ET0 为定时器/计数器 T0 中断允许位，ET1(IE.3) 为定时器/计数器 T1 中断允许位。

2. 初始化

由于定时器/计数器的功能是由软件编程确定的，所以一般在使用定时器/计数器前都要对其进行初始化，使其按设定的功能工作。初始化的步骤一般如下。

（1）确定工作方式（即对 TMOD 赋值）。

（2）预置定时或计数的初值（可直接将初值写入 TH0、TL0 或 TH1、TL1）。

（3）根据需要开放定时器/计数器的中断直接对 IE 位赋值，ET0（IE.1）为定时器/计数器 T0 中断允许位，ET1(IE.3)为定时/计数器 T1 中断允许位，EA(IE.7)为 CPU 中断允许（总允许位）。

（4）启动定时器/计数器（若已规定用软件启动，则可把 TR0 或 TR1 置“1”；若已规定由外中断引脚电平启动，则需给外引脚加启动电平。当实现了启动要求后，定时器即按规定的工作方式和初值开始计数或定时）。

下面介绍一下确定定时器/计数器初值的具体方法。

因为在不同工作方式下计数器位数不同，所以最大计数值也不同。

假设单片机的主频f_{osc}=12MHz，那么各方式下的最大值 M 值如下。

（1）方式 0：$M=2^{13}=8192$。

（2）方式 1：$M=2^{16}=65536$。

（3）方式 2：$M=2^{8}=256$。

（4）方式 3：定时器 0 分成两个 8 位计数器，所以两个 M 均为 256。

因为定时器/计数器是作“加 1”计数，并在计数满溢出时产生中断，因此初值 X 可以这样计算：

在计数方式下：　　$X=M-$计数值

在定时方式下：　　$X=(M-$定时值$)\times$机器周期

【例 4-1】若单片机的晶振频率为 12MHz，请计算定时 2ms 所需要设置的定时器初值。

首先确定计数脉冲个数为：2ms/12/12MHz=2000；然后根据工作方式确定定时器初值。

（1）若为工作方式 0，则计数初值为

$$2^{13}-2000=6192=1830\text{H}（11000001\ 10000\text{B}）$$

$$\text{TH0=C1H}（11000001\text{B}），\text{TL0=10H}（00010000\text{B}）$$

（2）若为工作方式 1，则计数初值为

$$2^{16}-2000=65536-2000=63536=\text{F830H}$$

$$\text{TH0=F8H}，\text{TL0=30H}$$

以定时器 T1 方式 1 为例，其初始化程序编写如下。

```
EA=1;                       //开CPU总中断
ET1=1;                      //开定时/计数器T1中断
TMOD=0x10;                  //确定工作方式为方式1
TH1=(65536-2000)/256;
TL1=(65536-2000)%256;       //给定时器赋初值
TR1=1;                      //启动定时器/计数器T1
```

3. 中断函数

中断函数的格式为：函数类型 函数名（形参）[interrupt n][using n]。

例如：

```
void time1() interrupt 3 using 3
```

这里表示空型的无参定时器 1 中断函数 fun，使用寄存器组 3。

其中，interrupt 表示中断优先级；using 表示所用工作寄存器组。

跟在 interrupt 后面的 n 值是中断号，就是说这个函数对应第几个中断端口，一般在 51 单片机中：0 为外部中断 0；1 为定时器 0；2 为外部中断 1；3 为定时器 1；4 为串行中断。

using n 这个 n 是说这个中断函数使用的那个寄存器组就是 51 里面一般有 4 个 R0～R7 寄存器组。

三、编程流程图

图 4-2-6 所示为 4 个数码管动态显示 0、1、2、3 的编程流程图。

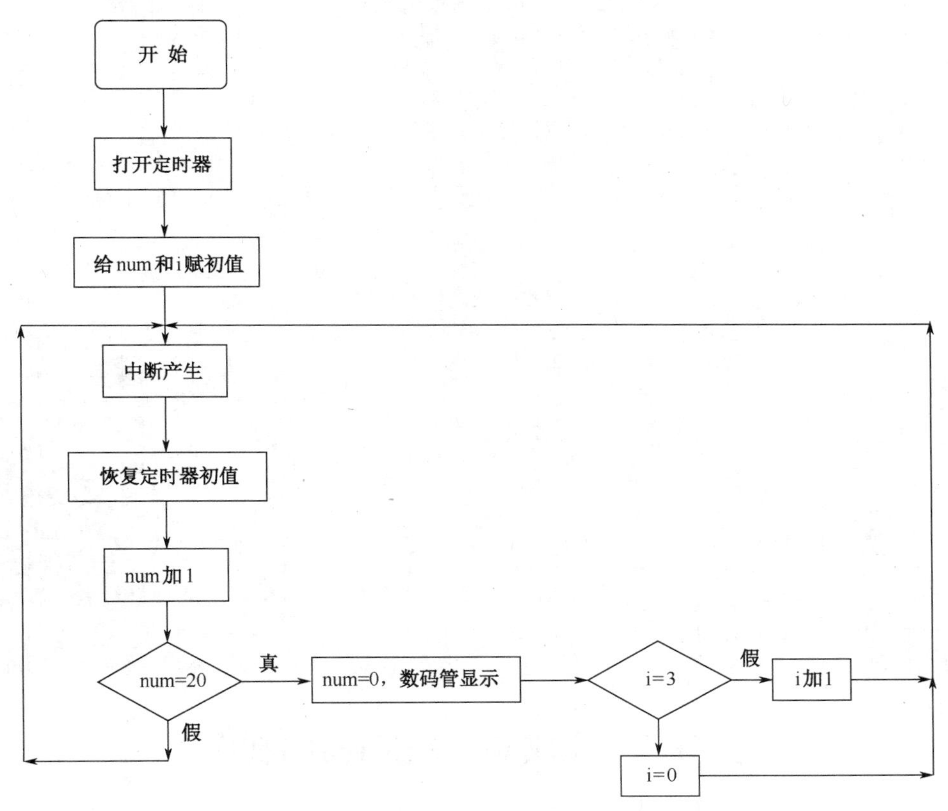

图 4-2-6　4 个数码管动态显示数字编程流程图

四、参考程序

下面这个程序就是采用动态显示的方式，让图 4-2-4 所示的 4 个数码管分别显示 0、1、2、3。程序中使用了定时器 1 工作方式 1 产生 1ms 的延时，虽然 4 个数码管是先后显示 4 个数字，但是由于时间短暂，给人的感觉是同时显示。

```
#include <reg51.h>
unsigned char num,i;
unsigned char code tabledu[]={0x3f,0x06,0x5b,0x4f};
unsigned char code tablewe[]={0xfe,0xfd,0xfb,0xf7};
void display();
void main()
{
```

```
    num=0;
    i=0;
    EA=1;
    ET1=1;
    TMOD=0x10;
    TH1=(65536-50)/256;
    TL1=(65536-50)%256;
    TR1=1;
    while(1);
}
void time1() interrupt 3 using 3
{
    TH1=(65536-50)/256;
    TL1=(65536-50)%256;     //恢复定时器初值
    num++;                  //每中断一次，num加1
    if(num==20)             //num加到20时（即延时1ms），执行以下程序
    {
     num=0;
     display();             //执行一次显示程序
     if(i==3)
        i=0;
      else
        i++;                //i加1，加到3后，再过1ms变为0
    }
}
void display()
{
    P2=tablewe[i];
    P0=tabledu[i];
}
```

扫一扫

教学视频

任务三　完成 60 秒定时器的制作

【任务情境】

时间过得很快，转眼两个星期的实习生活只剩最后两天了，为了检测学生的实习情况，指导老师要求大家制作一个与电子钟相关的显示电路，祝某某同学准备用两个数码管和单片机最小单元制作一个实用电路，他会交出一份什么样的答卷呢？

【任务描述】

制作一个 60 秒定时器，要求：定时/计数器 T1 产生 1s 定时，用复位开关控制定时启动，到 60s 停止计数。

【计划与实施】

一、画一画

连接图 4-3-1 所示电路图，要求使用 P0 口和 P3 口控制两个数码管实现动态显示。

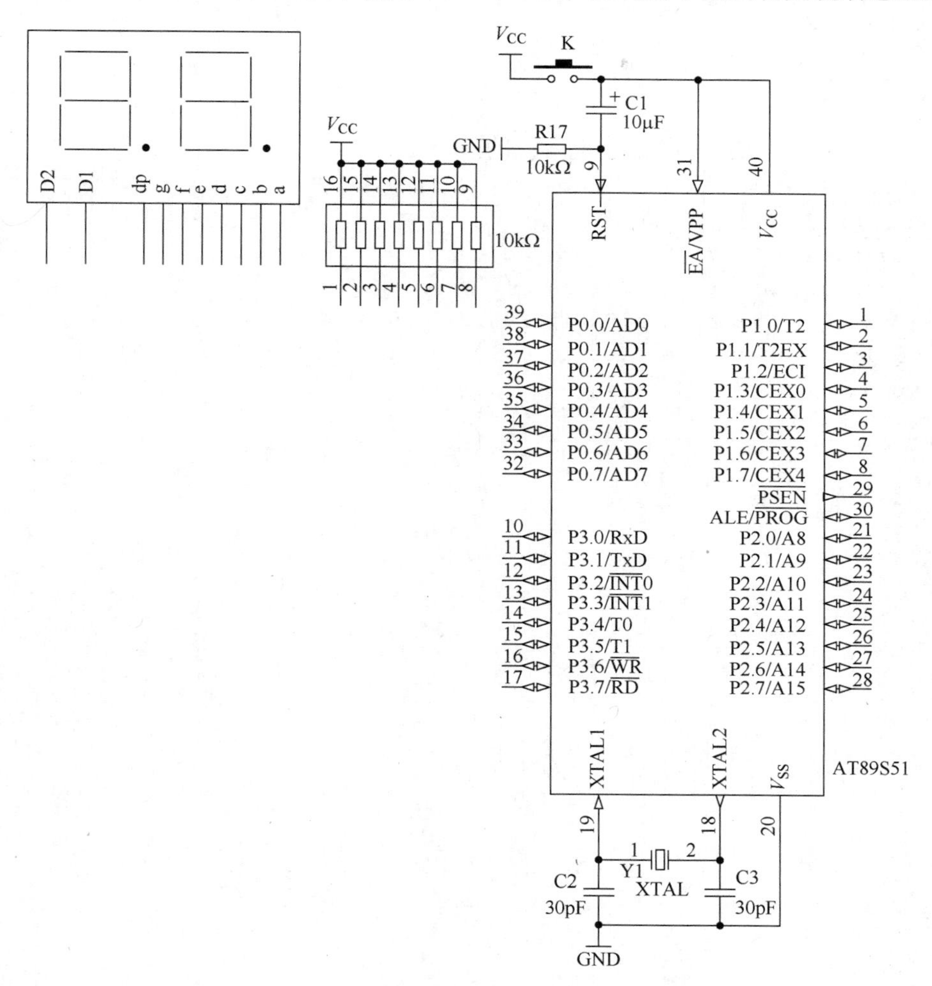

图 4-3-1　电路图

二、议一议

如何使用定时器产生 1 秒的定时？

三、写一写

写出以下运算符的含义。

（1）%:

（2）/:

四、说一说

switch-case 语句的执行流程。

五、画一画

绘制编程流程图。

六、填一填

完成以下程序，实现任务描述里所说的效果。

```
#include <reg51.h>
unsigned char i,count;
unsigned int t;
unsigned char code tabledu[]=
{0x3f,0x06,0x5b,0x4f,0x66,0x6d,0x7d,0x07,0x7f,0x6f};
unsigned char code tablewe[]={0xfe,0xfd};
void display();
void main()
{
    i=0;
    t=0;
    count=0;
    TMOD = 0x10;
    TH1=_______________;
    TL1=_______________;
    EA = 1;
    ET1 = 1;
    TR1 = 1;
    while(1);
}
void time1() interrupt 3 using 3
{
    TH1=_______________;
    TL1=_______________;
    t++;
    if (t>=____)
      {
          t=0;
          if (count<___)
          count++;
      };
     display();
     if(i>=1)
        i=0;
        else
        i++;
}
```

```
void display(void )
{
    switch(i)
        {
        case 0:
            {
            P2=tablewe[0];
            P0=tabledu[______];
            break;
            }
        case 1:
            {
            P2=tablewe[1];
            P0=tabledu[______];
            break;
            }
        default:
            break;
        };
}
```

七、调一调

在项目一制作的单片机最小应用系统的基础上制作本电路，编译、烧录程序，并将烧录程序的单片机安装到电路中，接通电源进行调试。

【练习与评价】

一、练一练

1. 计算题

（1）59/10　（2）59%10　（3）123/10%10

2. 编程题

修改本任务的程序，让图 4-3-2 所示的数码管实现 60 秒倒计时的功能。

二、评一评

请回顾在本任务进程中你的收获和疑惑，并在表 4-3-1 中写出你的体会和评价。

表 4-3-1　任务总结与评价表

内　容	你的收获	你的疑惑
获得知识		
掌握方法		
习得技能		
学习体会		

续表

学习评价	自我评价	
	同学互评	
	老师寄语	

【任务资讯】

一、电路原理图

如图 4-3-2 为 60 秒定时器电路，P0 口为段数据输出端，用 P3.0 和 P3.1 进行位选。按钮 K 是复位开关，控制定时启动。

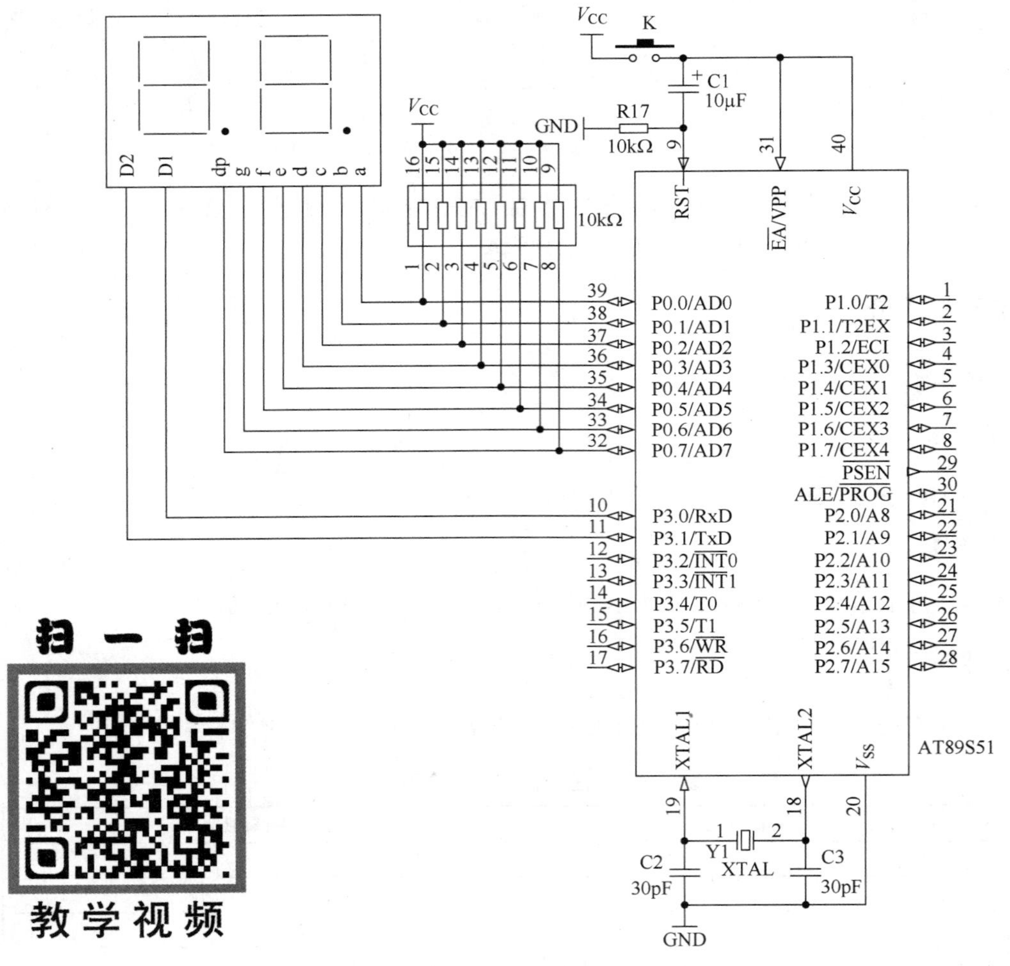

图 4-3-2　60 秒定时器电路

二、电路简介

人类最早使用的定时工具是沙漏或水漏，但在钟表诞生发展成熟之后，人们开始尝试使用这种全新的计时工具来改进定时器，达到准确控制时间的目的。定时器确实是一项了不起的发明，使相当多需要人控制时间的工作变得简单了许多。人们甚至将定时器用在了军事方面，制成了定时炸弹、定时雷管。现在的不少家用电器都安装了定时器来控制开关或工作时间。

单片机中的定时器是根据时钟脉冲累积计时的，定时器的工作过程实际上是对时钟脉冲计数。因工作需要，定时器除了占有自己编号的存储器位外，还占有一个设定值寄存器（字），一个当前值寄存器（字）。设定值寄存器（字）存储编程时赋值的计时时间设定值。当前值寄存器记录计时当前值。这些寄存器为 16 位二进制存储器。其最大值乘以定时器的计时单位值即是定时器的最大计时范围值。定时器满足计时条件开始计时，当前值寄存器则开始计数，当前值与设定值相等时定时器动作，通过程序作用于控制对象，达到时间控制的目的。定时器相当于继电器电路中的时间继电器，可在程序中作延时控制，但是单片机的定时更加精确。

60 秒定时器就是一种能进行精确时间计算的器件，当复位按钮按下以后，定时开始启动，每隔 1 秒数码管数字加 1，累计 60 时，计数停止。实现这个电路功能的关键是使用单片机定时器中断产生 1 秒的定时。

三、switch-case 语句用法

if 语句处理两个分支或处理多个分支时需使用 if-else-if 结构，但如果分支较多，则嵌套的 if 语句层就越多，程序不但庞大而且理解也比较困难。因此，C 语言又提供了一个专门用于处理多分支结构的条件选择语句，称为 switch 语句，又称为开关语句，使用 switch 语句直接处理多个分支（当然包括两个分支）。其一般形式为:

```
switch(表达式)
{
      case 常量表达式1:
         语句1;
      break;
      case 常量表达式2:
         语句2;
      break;
      ……
      case 常量表达式n:
         语句n;
      break;
      default:
         语句n+1;
      break;
}
```

switch 语句的执行流程是：首先计算 switch 后面圆括号中表达式的值，然后用此值依次与各个 case 的常量表达式比较，若圆括号中表达式的值与某个 case 后面的常量表达式的

值相等，就执行此 case 后面的语句，执行后遇 break 语句就退出 switch 语句；若圆括号中表达式的值与所有 case 后面的常量表达式都不等，则执行 default 后面的语句 n+1，然后退出 switch 语句，程序流程转向开关语句的下一个语句。

四、编程流程图和参考程序

1. 编程流程图

图 4-3-3 所示为 60 秒定时器的编程流程图。

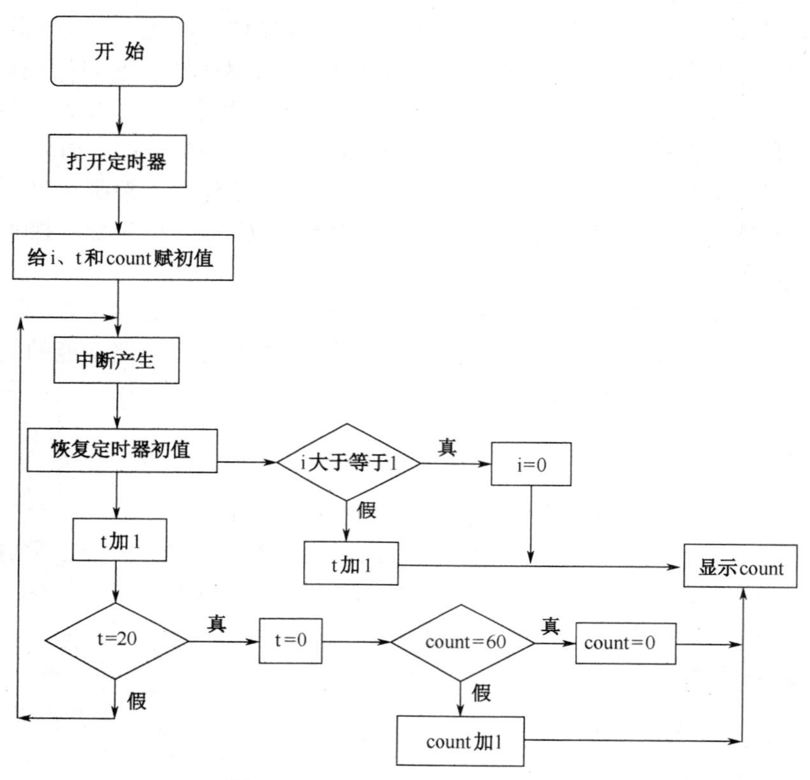

图 4-3-3　60 秒定时器编程流程图

2. 参考程序

```
#include <reg51.h>
unsigned char i,count;              //i为位选变量，count 为计数变量
unsigned int t;                     //t为定时变量
unsigned char code tabledu[]=
{0x3f,0x06,0x5b,0x4f,0x66,0x6d,0x7d,0x07,0x7f,0x6f};    //定义段数组变量
unsigned char code tablewe[]={0xfe,0xfd};               //定义位数组变量
void display();
void main()
{
    i=0;
    t=0;
    count=0;                        //赋初值
```

```
    TMOD = 0x10;                        //选择定时器1工作方式1
    TH1=(65536-5000)/256;
    TL1=(65536-5000)%256;               //给定时器赋初值，保证中断产生一次为0.005s
    EA = 1;
    ET1 = 1;
    TR1 = 1;                            //开中断
    while(1);
}
void time1() interrupt 3 using 3//中断子函数
{
    TH1=(65536-5000)/256;
    TL1=(65536-5000)%256;               //恢复定时器初值
    t++;                                //t递增
    if (t>=200)                         //t加到200时，定时时间为1s，执行以下程序
        {
            t=0;                        //t清零
            if (count<60)
            count++;                    //count从0加到60
        };
    display();                          //执行显示子程序
    if(i>=1)                            //i在0和1之间转换
        i=0;
        else
        i++;
}
void display(void )
{
    switch(i)                           //判断变量i
        {
        case 0:                         //如果i=0，执行以下程序
            {
            P2=tablewe[0];              //选择右边的数码管
            P0=tabledu[count%10];       //显示count的个位
            break;
            }
        case 1:                         //如果i=1，执行以下程序
            {
            P2=tablewe[1];              //选择左边的数码管
            P0=tabledu[count/10];       //显示count的个位
            break;
            }
        default:
            break;
        };
}
```

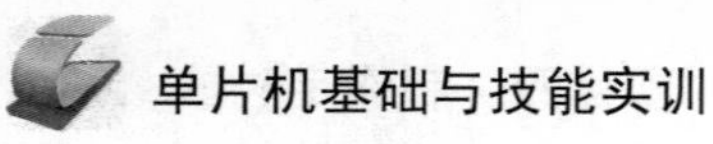

项目检测

一、填空题

（1）数码管有两大类，即___________和____________。

（2）数码管按段数可分为___________和____________。

（3）相同数据类型的元素按一定顺序排列的集合就是___________。

（4）定时器/计数器模式控制寄存器 TMOD 是一个逐位定义的 8 位寄存器，其中低 4 位（即 D0～D3）定义是___________，高 4 位（即 D4～D7）定义是____________。

（5）中断函数表示为：void time1() interrupt 3 using 3，这里表示空型的无参定时器 1 中断函数，使用寄存器组 3。其中，interrupt 表示____________；using 表示____________。

二、简答题

（1）定时器/计数器设定前都要对其进行初始化，使其按设定的功能工作，简要回答初始化的一般步骤。

（2）简要回答 switch-case 语句的执行流程。

三、编程题

（1）电路图如图 4-1-3 所示，编写程序，使数码管依次显示 0 到 F 这 16 个十六进制数。

（2）利用图 4-2-3 所示电路图，制作精确度为 0.01s 的秒表。

项目五　制作抢答器

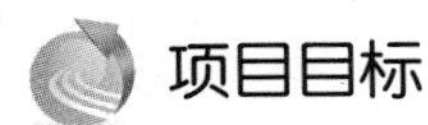

项目目标

（1）会使用按键让单片机控制 LED 的工作状态。
（2）会编写按键消抖的程序控制数码管的显示。
（3）会使用矩阵键盘实现多路输入。

项目内容

（1）制作模拟开关灯电路。
（2）制作可控数码管显示电路。
（3）完成十六路抢答器的制作。

项目进程

任务一　制作模拟开关灯电路

【任务情境】

一天，祝某某同学在他叔叔家里看到一个有趣的玩具，玩具实物图如图 5-1-1 所示。只要一按上面的按钮，它的眼睛就会发光，还会随着音乐左右摆动。小祝随即找来说明书，发现电路里面恰好使用了“AT89S51”这款单片机。小祝想：“怎么才能用按键控制发光二极管呢？”

图 5-1-1　玩具实物图

【任务描述】

制作模拟开关灯电路，要求：使用两个按键分别控制一只 LED 的亮和灭。

【计划与实施】

一、连一连

完成如图 5-1-2 所示电路图，让图中两个按键控制 LED 的亮灭。

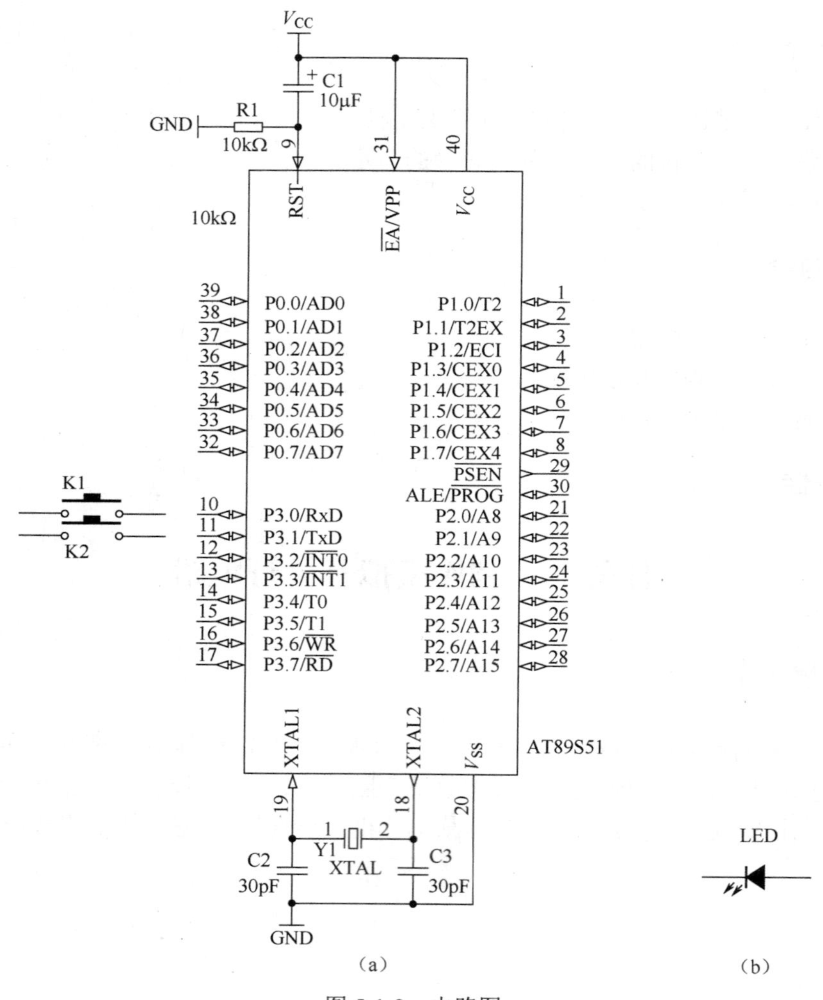

图 5-1-2　电路图

二、画一画

绘制编程流程图。

三、说一说

说出以下语句的含义。

（1）if（k1==0）LED=0;

（2）if（!open）LED=0;else LED=1;

四、填一填

完成以下程序，实现两个按键控制一只 LED 的亮灭。

```
#include<reg51.h>
sbit LED=P1^0;
sbit open=P3^0;
sbit close=P3^1;
void main()
{
   LED=1;
   while(1)
   {
    if(LED==1)
        {
        if(____)
        LED=0;
        _____
        LED=1;
        }
    else
        {
         if(____)
         LED=1;
         _____
         LED=0;
         }
      }
}
```

五、调一调

在项目一制作的单片机最小应用系统的基础上制作本电路，编译、烧录程序，并将烧录程序的单片机安装到电路中，接通电源进行调试。

【练习与评价】

一、练一练

1. 编程题

假设两只 LED（LED1 和 LED2）分别接单片机的 P1.0 和 P1.1 口，两个按键（K1 和 K2）分别接 P3.0 和 P3.1 口，编写程序实现以下效果。

（1）按 K1，LED1 灯亮，LED2 灯灭。

（2）按 K2，LED1 灯灭，LED2 灯亮。

2. 简答题

简要回答上拉电阻的作用。

二、评一评

请回顾在本任务进程中你的收获和疑惑，并在表 5-1-1 中写出你的体会和评价。

表 5-1-1 任务总结与评价表

内 容	你的收获	你的疑惑
获得知识		
掌握方法		
习得技能		
学习体会		
学习评价	自我评价	
	同学互评	
	老师寄语	

【任务资讯】

一、上拉、下拉电阻

上拉就是将不确定的信号通过一个电阻钳位在高电平，电阻同时起限流作用。下拉同理，也是将不确定的信号通过一个电阻钳位在低电平。

上拉是对器件输入电流，下拉是输出电流。强弱只是上拉电阻的阻值不同，没有什么严格区分。对于非集电极（或漏极）开路输出型电路（如普通门电路）提升电流和电压的能力是有限的，上拉电阻的功能主要是为集电极开路输出型电路输出电流通道。

1. 上拉、下拉电阻作用

（1）当 TTL 电路驱动 CMOS 电路时，如果电路输出的高电平低于 CMOS 电路的最低高电平（一般为 3.5V），这时就需要在 TTL 的输出端接上拉电阻，以提高输出高电平的值。

（2）OC 门电路必须使用上拉电阻，以提高输出的高电平值。

（3）为增强输出引脚的驱动能力，有的单片机引脚上也常使用上拉电阻。

（4）在 CMOS 芯片上，为了防止静电造成损坏，不用的引脚不能悬空，一般接上拉电阻以降低输入阻抗，提供泄荷通路。

（5）芯片的引脚加上拉电阻来提高输出电平，从而提高芯片输入信号的噪声容限，增强抗干扰能力。

（6）提高总线的抗电磁干扰能力，引脚悬空就比较容易接受外界的电磁干扰。

（7）长线传输中电阻不匹配容易引起反射波干扰，加上、下拉电阻是电阻匹配，有效地抑制反射波干扰。

2. 上拉电阻

上拉电阻就是从电源高电平引出的电阻接到输出端。

（1）如果电平用 OC（集电极开路，TTL）或 OD（漏极开路，CMOS）输出，那么不用上拉电阻是不能工作的，这个很容易理解，管子没有电源就不能输出高电平了。

（2）如果输出电流比较大，输出的电平就会降低（电路中已经有了一个上拉电阻，但是电阻太大，压降太高），就可以用上拉电阻提供电流分量，把电平“拉高”（就是并联一个电阻在 IC 内部的上拉电阻上，这时总电阻减小，总电流增大）。当然管子按需要工作在线性范围的上拉电阻不能太小。当然也会用这个方式来实现门电路电平的匹配。

AT89S51 单片机的 I/O 口中，P1、P2 和 P3 是内部提供上拉电阻的 8 位双向 I/O 口。在按键控制单片机的电路中，为了确保在按键之前让 I/O 口的输入为高电平，通常还要接外部上拉电阻。图 5-1-3 中的 R3 即为外部上拉电阻。

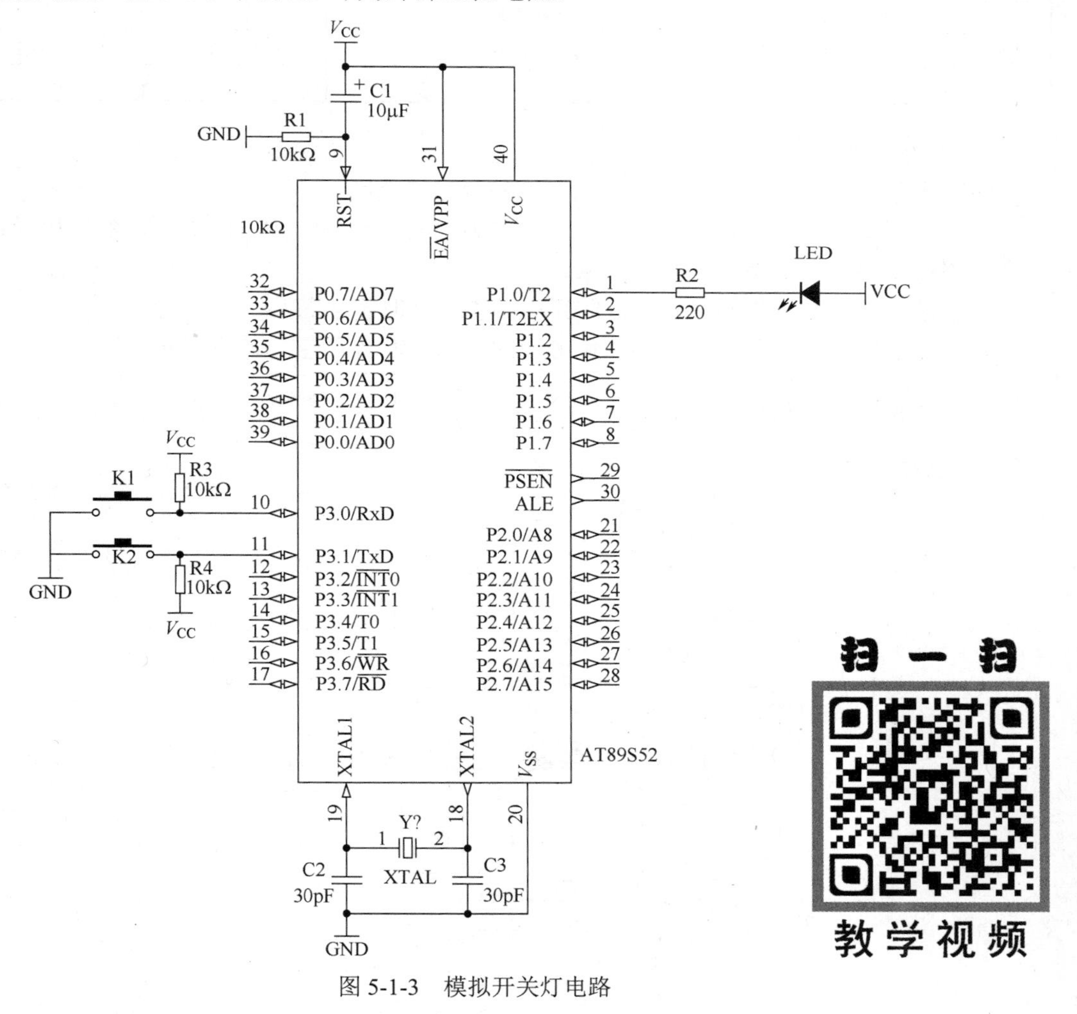

图 5-1-3　模拟开关灯电路

二、电路原理图

图 5-1-3 所示为模拟开关灯电路，按键 K1 控制 LED 发光，按键 K2 控制 LED 熄灭。通电以后，P1 口的 8 位电位都会被拉高，所以图 5-1-3 中的 LED 的初始状态为熄灭。在图

中，将按键接到P3口，由于P3口有上拉电阻，在按键动作之前，相当于输入高电平；如果按键按下，这个I/O就通过按键短路到了地，这时相当于输入低电平，这就是单片机读按键的原理。

三、元件清单

1. 制作模拟开关灯电路的元器件清单

制作模拟开关灯电路的元器件清单如表5-1-2所示。

表5-1-2 制作模拟开关灯电路的元器件清单

序 号	元器件名称	说明	序 号	元器件名称	说明
1	单片机最小应用系统	项目一制作的最小系统电路板	5	R3	几千欧姆
2	开关K1	不带自锁的按键开关	6	LED	
3	开关K2	不带自锁的按键开关	7	万用板	也可用PCB板
4	电阻R2	几百欧姆			

2. 制作的注意事项

（1）电阻R2的阻值要根据LED的亮度进行适当调整。

（2）除了单片机最小系统以外的电阻要单独安装在另外一个电路板上，然后用导线将两个电路板相连，尽量不要损坏系统板。

（3）通电测试时，先不装芯片，防止电源不正常时损坏芯片。

（4）在插入单片机芯片时，要注意芯片的缺口与芯片插座的缺口同向。

四、编程流程图和参考程序

1. 编程流程图（见图5-1-4）

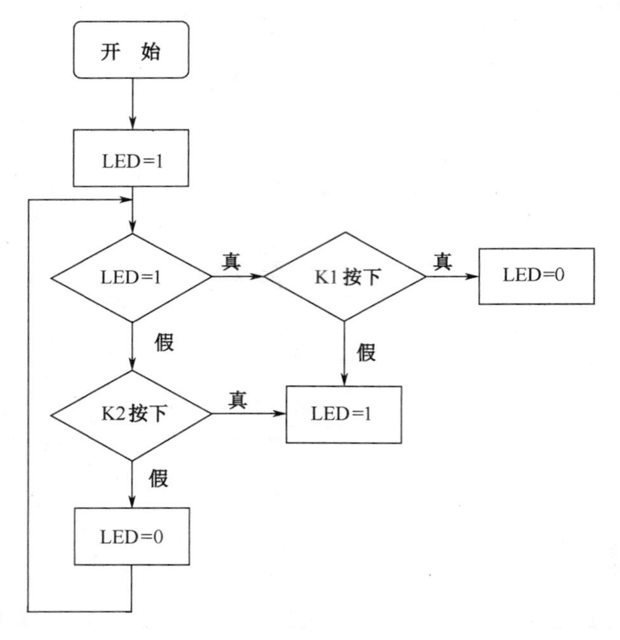

图5-1-4 模拟开关灯电路编程流程图

2. 参考程序

```
#include<reg51.h>
sbit LED=P1^0;                    //LED与P1.0口相连
sbit open=P3^0;                   P3.0为开启信号控制端
sbit close=P3^1;                  P3.1为关闭信号控制端
void main()
{                                 围为0到65535
   LED=1;                         //初始化，LED熄灭
     while(1)
   {                              //当LED=1，即P1.0输出高电
if(LED==1)                        平时，如果!open为1，即开关
{                                 K1按下时，LED=0，否则LED
if(!open)                         保持1
LED=0;
else                              //当LED=0，即P1.0输出低电
LED=1;                            平时，如果!close为1，即开
}                                 关K2按下时，LED=1，否则LED
else                              保持0
    {
     if(!close)
     LED=1;
     else
     LED=0;
     }
     }
}
```

任务二　制作可控数码管显示电路

【任务情境】

学会用按键控制发光二极管后，小祝想起家中的电子万年历，如图 5-2-1 所示。他也经常通过按键对时间进行调节。仔细研究了万年历以后，他发现有两个按键起到改变显示数字的作用，一个按键能让数字递增，另一个能让数字递减。这些功能是如何实现的呢？

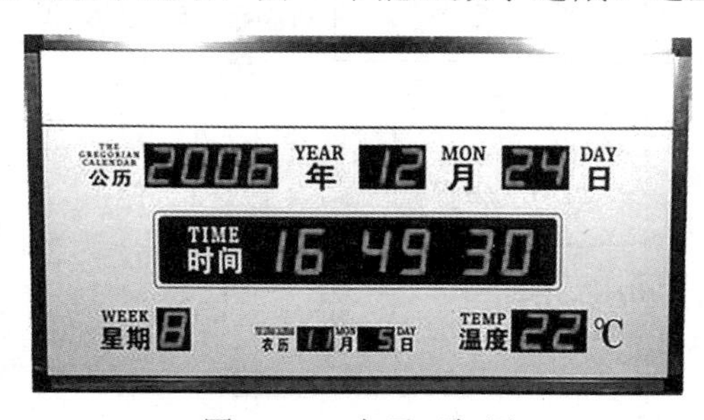

图 5-2-1　电子万年历

【任务描述】

制作可控数码管显示电路，要求：单个数码管显示数字 0～9，按键 1 控制数码管数字递增，按键 2 控制数码管数字递减。

【计划与实施】

一、连一连

连接图 5-2-2 所示电路，完成可控数码管显示电路图（单个数码管接 P0 口，两个按键接 P3 口）。

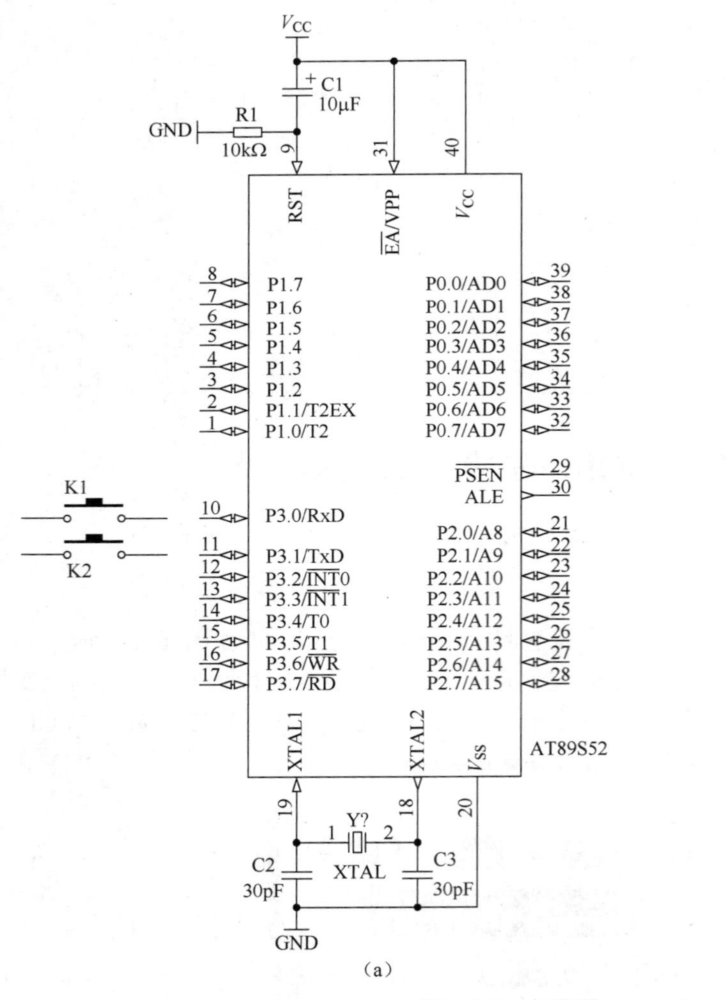

(a)

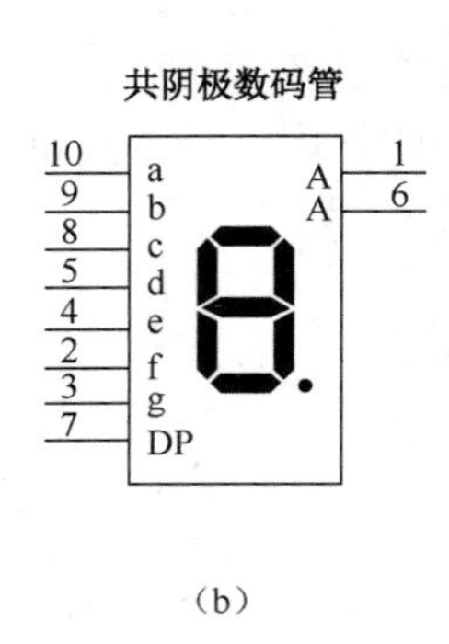

(b)

图 5-2-2　电路图

二、画一画

绘制编程流程图。

三、填一填

完成以下程序，实现按键控制一个数码管显示数字的递增和递减。

```
#include<reg51.h>
#define uchar unsigned char
sbit KEY1=____;
sbit KEY2=____;
void delay(uchar t);
uchar num,a,b;
uchar code table[]={0xc0,0xf9,0xa4,0xb0,0x99,0x92,0x82,0xf8,0x80,0x90};
void main()
 {
  while(1)
  {
    if(KEY1==____)
    {
     _____;
     if(KEY1==____)
     {
     if(num==9)
     num=____;
     num____;
     }
     while(_____);
     ______;
     while(_____);
   }
  if(KEY2==____)
  {
   _____;
   if(KEY2==____)
   {
    if(num==0)
    num=____;
    num____;
   }
    while(_____);
    _____;
    while(_____);
  }
  P0=_____;
```

```
    }
  }
void delay(uchar t)
{
 for(a=100;a>0;a--)
   for(b=t;b>0;b--);
}
```

四、调一调

在项目一制作的单片机最小应用系统的基础上制作本电路，编译、烧录程序，并将烧录程序的单片机安装到电路中，接通电源进行调试。

【练习与评价】

一、练一练

（1）请简要回答：什么是按键抖动？

（2）如何用软件的方式进行按键消抖？举例说明。

二、评一评

请回顾在本任务进程中你的收获和疑惑，并在表 5-2-1 中写出你的体会和评价。

表 5-2-1　任务总结与评价表

内容	你的收获	你的疑惑
获得知识		
掌握方法		
习得技能		
学习体会		
学习评价	自我评价	
	同学互评	
	老师寄语	

【任务资讯】

一、电路原理图

如图 5-2-3 所示为可控数码管显示电路，该电路使用两个按键控制数码管显示，按下 K1 能使显示数字递增，按下 K2 能使显示数字递减。按键接在 P3 口，共阴极数码管与 P0 口相连。

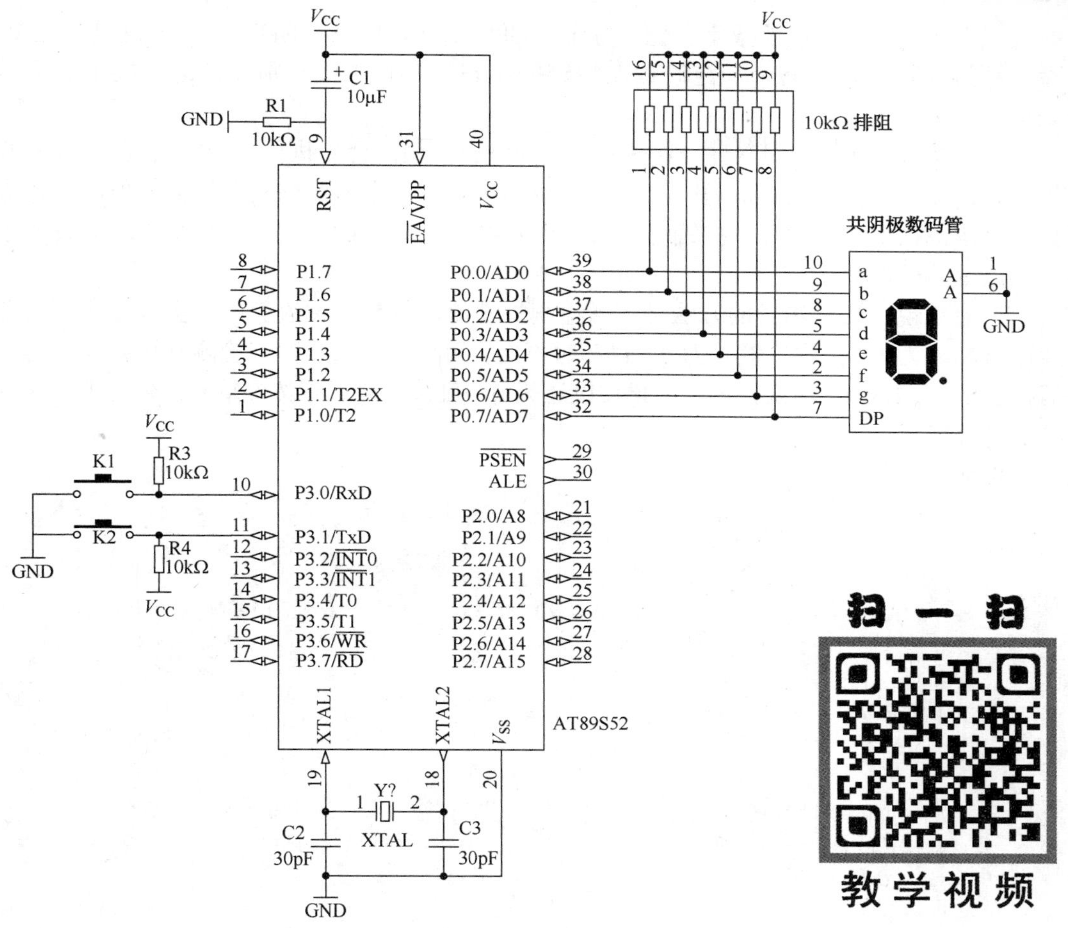

图 5-2-3　可控数码管显示电路

二、按键抖动与消抖

1. 按键抖动

通常的按键所用开关为机械弹性开关，当机械触点断开、闭合时，由于机械触点的弹性作用，一个按键开关在闭合时不会马上稳定地接通，在断开时也不会一下子断开。因此在闭合及断开的瞬间均伴随有一连串的抖动，这称为按键抖动，如图 5-2-4 所示。抖动时间的长短由按键的机械特性决定，一般为 5～10ms。这是一个很重要的时间参数，在很多场合都要用到。

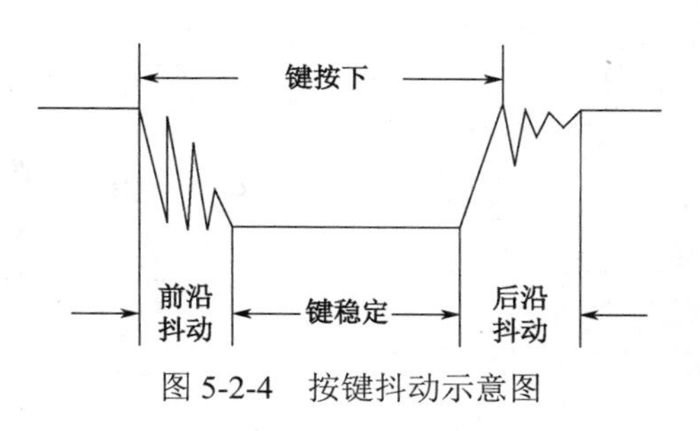

图 5-2-4　按键抖动示意图

2. 按键消抖

为了消除按键抖动产生的影响而采取的操作就是按键消抖。按键稳定闭合时间的长短则是由操作人员的按键动作决定的，一般为零点几秒至数秒。按键抖动会引起一次按键被误读多次，在本电路中，由于按键控制着数码管显示数字的递增或递减，所以按键抖动会导致一次按键产生多次的数字变化。为确保 CPU 对按键的一次闭合仅作一次处理，必须去除按键抖动。在按键闭合稳定时读取按键的状态，并且必须判别到按键释放稳定后再作处理。

如果按键较多，常用软件方法去抖，即检测出按键闭合后执行一个延时程序，5～10ms 的延时，让前沿抖动消失后再一次检测按键的状态，如果仍保持闭合状态电平，则确认为真正有按键按下。当检测到按键释放后，也要给 5～10ms 的延时，待后沿抖动消失后才能转入该键的处理程序。

一般来说，软件消抖的方法是不断检测按键值，直到按键值稳定。实现方法：假设未按键时输入为 1，按键后输入为 0，抖动时不定。可以做以下检测：检测到按键输入为 0 之后，延时 5～10ms，再次检测，如果按键还为 0，那么就认为有按键输入。延时的 5～10ms 恰好避开了抖动期。

例如：

```
if(KEY1==0)                          //检测按键是否按下
{
  delay(5);                          //延时5ms
  if(KEY1==0)                        //再次检测，如果按键还为0，则执行以下语句
  {
    if(num==9)
    num=-1;
    num++;
  }
while(!KEY1);                        //如果按键松开，则执行接下去的语句
delay(5);                            //延时5ms，按键松开消抖
while(!KEY1);                        //再次检测，确认松开
}
```

以上程序就是利用软件消抖的方法，保证每次按键按下都使数码管的数值加 1。

三、编程流程图和参考程序

1. 编程流程图（见图 5-1-4）

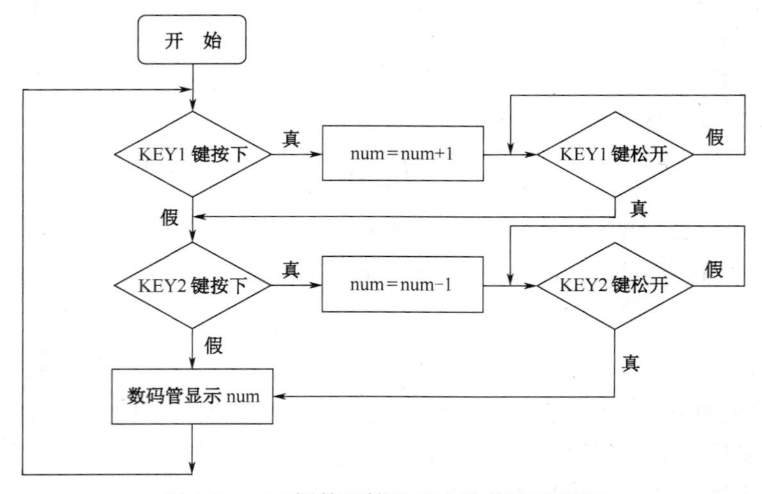

图 5-2-5　可控数码管显示电路编程流程图

2. 参考程序

```
#include<reg51.h>
#define uchar unsigned char
sbit KEY1=P3^1;
sbit KEY2=P3^0;
uchar num,a,b;
uchar table[]={0x3f,0x06,0x5b,0x4f,0x66,0x6d,0x7d,0x07,0x7f,0x6f};
void delay(uchar t)         //延时子程序
{
 for(a=100;a>0;a--)
   for(b=t;b>0;b--);
}
void main()
 {
  while(1)
  {
    if(KEY1==0)             //检测按键1是否按下
    {
     delay(5);              //延时10ms，克服抖动
     if(KEY1==0)            //再次检测，如果按键还为0，则执行以下语句
     {
       if(num==9)
       num=-1;
       num++;               //显示变量num加1，当num为9时，num赋值为-1
      }
       while(!KEY1);        //如果按键松开，则执行接下去的语句
       delay(5);            //延时5ms，按键松开消抖
       while(!KEY1);        //再次检测，确认松开
      }
    if(KEY2==0)             //检测按键2是否按下
    {
     delay(5);              //延时5ms，克服抖动
     if(KEY2==0)            //再次检测，如果按键还为0，则执行以下语句
    {
      if(num==0)
      num=10;
      num--;                //显示变量num减1，当num为0时，num赋值为10
     }
      while(!KEY2);         //如果按键松开，则执行接下去的语句
delay(5);                   //延时5ms，按键松开消抖
      while(!KEY2);         //再次检测，确认松开
     }
  P0=table[num];            //数码管得到数据，显示num
  }
 }
```

任务三　完成十六路抢答器的制作

【任务情境】

学校下周将举行技能节活动，有些比赛需要用到抢答器，校方让电子专业的学生帮忙，制作一个可供 10 个以上选手抢答的多路抢答器，在老师的指导下，祝某某和同学们准备使用单片机制作一个十六路抢答器。

【任务描述】

制作十六路抢答器，要求：使用 4×4 矩阵键盘，控制数码管显示 0～F。

【计划与实施】

一、连一连

连接图 5-3-1 所示电路，将 16 个按键组成矩阵键盘，组成十六路抢答器（数码管显示，手动复位）。

二、想一想

4×4 矩阵键盘的工作原理是什么？

三、画一画

绘制编程流程图。

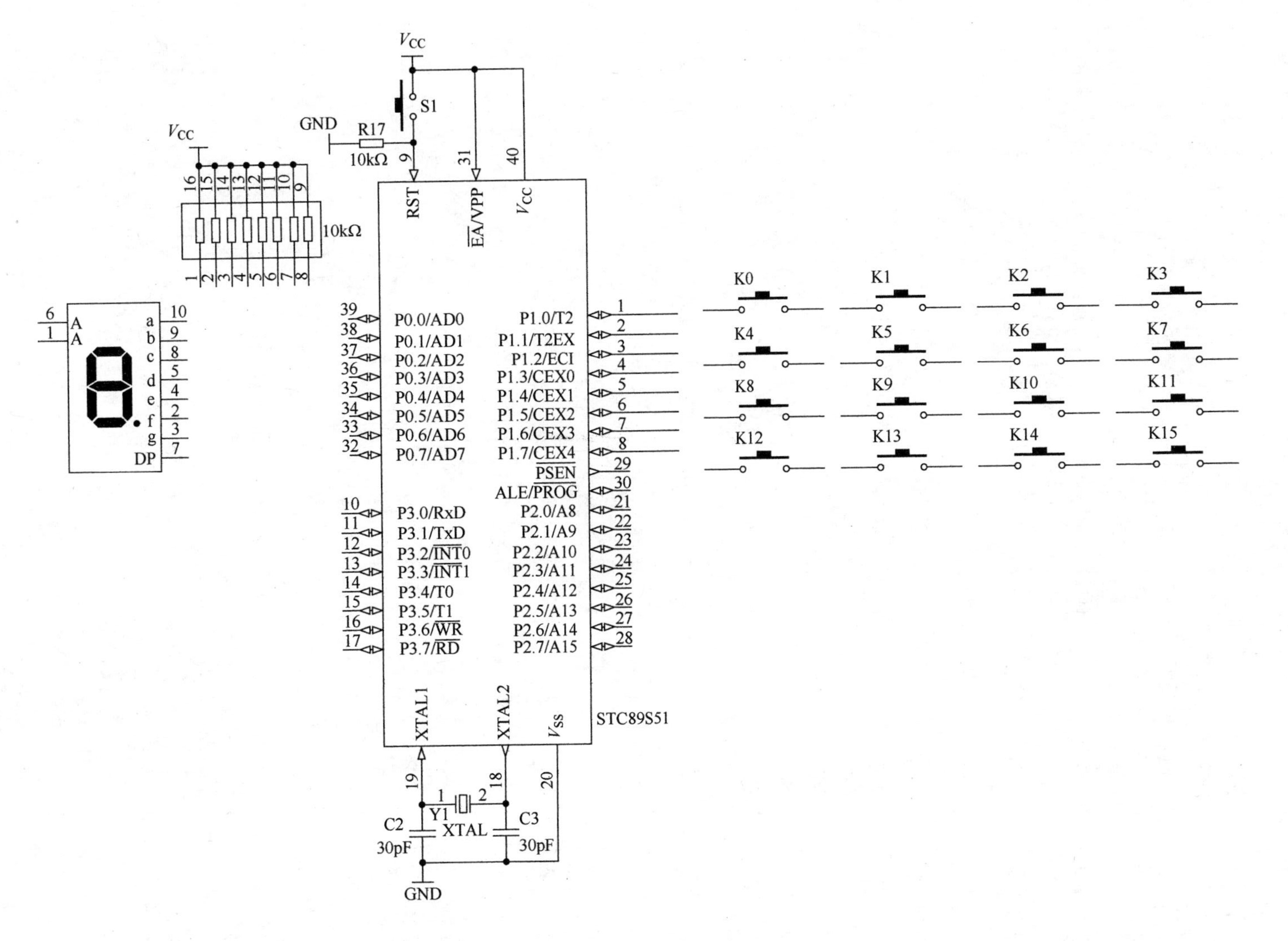
VCC
S1
GND
R17
10kΩ
STC89S51
RST
EA/VPP
VCC
P0.0/AD0
P0.1/AD1
P0.2/AD2
P0.3/AD3
P0.4/AD4
P0.5/AD5
P0.6/AD6
P0.7/AD7
P3.0/RxD
P3.1/TxD
P3.2/INT0
P3.3/INT1
P3.4/T0
P3.5/T1
P3.6/WR
P3.7/RD
P1.0/T2
P1.1/T2EX
P1.2/ECI
P1.3/CEX0
P1.4/CEX1
P1.5/CEX2
P1.6/CEX3
P1.7/CEX4
PSEN
ALE/PROG
P2.0/A8
P2.1/A9
P2.2/A10
P2.3/A11
P2.4/A12
P2.5/A13
P2.6/A14
P2.7/A15
XTAL1
XTAL2
VSS
Y1
XTAL
C2
C3
30pF
K0
K1
K2
K3
K4
K5
K6
K7
K8
K9
K10
K11
K12
K13
K14
K15
A
a
b
c
d
e
f
g
DP

图 5-3-1　电路图

四、填一填

完成以下程序，实现第一行 4 个按键的扫描，从左到右依次显示 0、1、2、3。

```
#include <reg51.h>
#define uint unsigned int
#define uchar unsigned char
uchar num,nn,temp;
uchar code tabledu[]= {0xc0,0xf9,0xa4,0xb0,0x99,0x92,0x82,0xf8,0x80,
                       0x90,0x88,0x83,0xc6,0xa1,0x86,0x8e};
void display(uchar);
void delay(uchar x)
{
    uint a,b;
    for(a=x;a>0;a--)
    for(b=10;b>0;b--);
}
void main()
{
    while(1)
    {
    P1=______;
    temp=P1;
    temp=temp___0xf0;
    if(temp____0xf0)
    {
    delay(50);
        if(temp____0xf0)
        {
        switch(_____)
        {
            case _____:num=0;
            break;
            case _____:num=1;
            break;
            case _____:num=2;
            break;
            case _____:num=3;
            break;
        }
        while(temp____0xf0)
        {
           temp=P1;
           temp=temp____0xf0;
        }
        }
    }
   display(num);
```

```
    }
}
void display(uchar i)
{
    P0=tabledu[i];
    delay(100);
}
```

五、写一写

根据以上编程的思路，写出完整的十六路抢答器程序。

六、调一调

在项目一制作的单片机最小应用系统的基础上制作本电路，编译、烧录程序，并将烧录程序的单片机安装到电路中，接通电源进行调试。

【练习与评价】

一、练一练

1. 填空题

（1）____________是单片机外部设备中所使用的排布类似于矩阵的键盘组；使用这种键盘组，__________一个端口（如 P1 口）就可以构成________个按键。

（2）__________又称为逐行（或列）扫描查询法，是一种最常用的按键识别方法。

2. 简答题

（1）简述检测 P1 口高 4 位是否全为 1 的方法和原理。

（2）简述松手检测的方法和原理。

二、评一评

请回顾在本任务进程中你的收获和疑惑，并在表 5-3-1 中，写出你的体会和评价。

表 5-3-1　任务总结与评价表

<table>
<tr><td>内　容</td><td colspan="2">你的收获</td><td>你的疑惑</td></tr>
<tr><td>获得知识</td><td colspan="2"></td><td></td></tr>
<tr><td>掌握方法</td><td colspan="2"></td><td></td></tr>
<tr><td>习得技能</td><td colspan="2"></td><td></td></tr>
<tr><td>学习体会</td><td colspan="3"></td></tr>
<tr><td rowspan="3">学习评价</td><td>自我评价</td><td colspan="2"></td></tr>
<tr><td>同学互评</td><td colspan="2"></td></tr>
<tr><td>老师寄语</td><td colspan="2"></td></tr>
</table>

【任务资讯】

一、电路原理图

图 5-3-2 所示为十六路抢答器，16 个按键组成矩阵键盘接在单片机的 P1 口，数码管作为抢答显示部件，由 P0 口输出控制。按键 S1 为复位键。

二、矩阵键盘的工作原理

1. 矩阵键盘简介

矩阵键盘是单片机外部设备中所使用的排布类似于矩阵的键盘组。在键盘中按键数量较多时，为了减少 I/O 口的占用，通常将按键排列成矩阵形式，如图 5-3-2 所示。在矩阵式键盘中，每条水平线和垂直线在交叉处不直接连通，而是通过一个按键加以连接。这样，一个端口（如 P1 口）就可以构成 4×4=16 个按键，比之直接将端口线用于键盘多出了一倍，而且线数越多，区别越明显，比如再多加一条线就可以构成 20 键的键盘，而直接用端口线则只能多出一键（9 键）。由此可知，在需要的键数比较多时，采用矩阵法来做键盘是合理的。

2. 4×4 矩阵键盘的识别方法

确定矩阵式键盘上何键被按下的方法称为“行扫描法”。行扫描法又称为逐行（或列）扫描查询法，是一种最常用的按键识别方法，具体过程如下。

依次将行线置为低电平，即在置某根行线为低电平时，其他线为高电平。在确定某根行线位置为低电平后，再逐行检测各列线的电平状态。若某列为低，则该列线与置为低电平的行线交叉处的按键就是闭合的按键。

三、编程流程图和参考程序

1. 编程流程图

根据“行扫描法”的键盘识别方法，十六路抢答器的程序分成 4 个部分：即分别对四行键盘进行依次扫描。因此，该程序的 4 个部分结构相同，不同之处为 P1 的赋值不同，还有每个按键对应的数字不同。根据这样的特点，以下只绘制了第一行扫描编程流程图，如图 5-3-3 所示。其他部分的编程流程图只需将 P1 的赋值和 num 的赋值做相应修改即可。

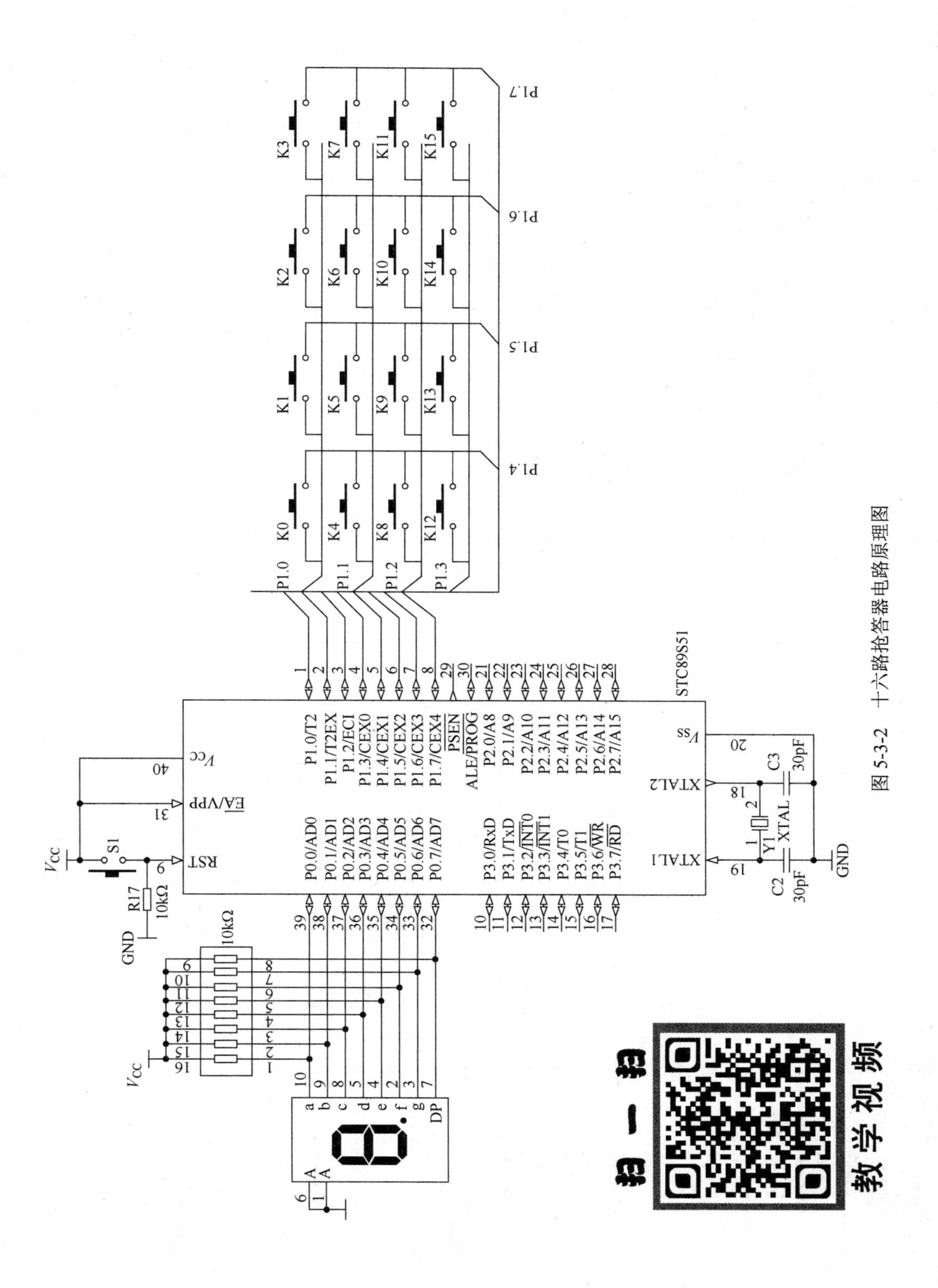

图 5-3-2　十六路抢答器电路原理图

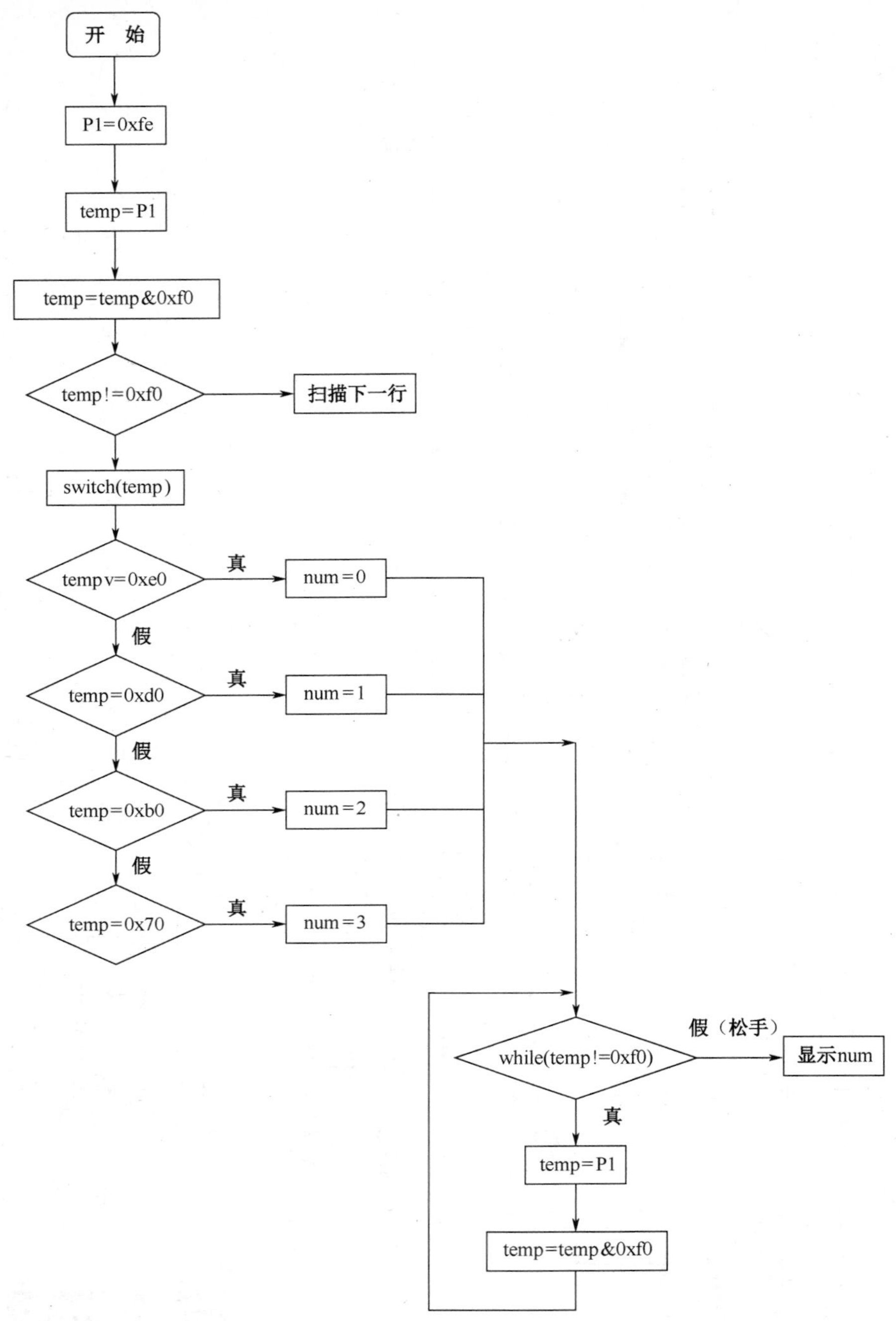

图 5-3-3　十六路抢答器第一行扫描编程流程图

2. 参考程序

根据图 5-3-3 所示，编写参考程序如下。

```
#include <reg51.h>
#define uint unsigned int
#define uchar unsigned char
```

```
        uchar num,nn,temp;
        uchar code tabledu[]=
        {0x3f,0x06,0x5b,0x4f,0x66,0x6d,0x7d,0x07,0x7f,0x6f,0x77,0x7c,0x39,0x5
e,0x79,0x71};
        void display(uchar);
        void delay(uchar x)
        {
            uint a,b;
            for(a=x;a>0;a--)
            for(b=10;b>0;b--);
        }
        void main()
        {
            while(1)
            {
            P1=0xfe;             //给P1赋初值0xfe
            temp=P1;             //将P1的值赋给临时变量temp
            temp=temp&0xf0;      //将高4位和1进行与运算
            if(temp!=0xf0)       //如果temp不为0xf0，说明第一行有按键按下，P1的高4位发生改变
            {
                delay(50);
                if(temp!=0xf0)            //按键消抖
                {
                switch(temp)              //条件选择开始
                {
                    case 0xe0:num=0;   //如果temp=0xe0，num=0
                    break;
                    case 0xd0:num=1;   //如果temp=0xd0，num=1
                    break;
                    case 0xb0:num=2;   //如果temp=0xb0，num=2
                    break;
                    case 0x70:num=3;   //如果temp=0x70，num=3
                    break;
                }
                while(temp!=0xf0)         //松手检测
                {
                   temp=P1;
                   temp=temp&0xf0;
                }
                }
          }
       /*以上是对第一行按键的扫描，以下是对二、三、四行按键的扫描，与第一部分类似，但P1的初值不同*/
            P1=0xfd;
            temp=P1;
            temp=temp&0xf0;
            if(temp!=0xf0)
            {
```

```
        delay(50);
        if(temp!=0xf0)
        {
        switch(temp)
        {
            case 0xe0:num=4;
            break;
            case 0xd0:num=5;
            break;
            case 0xb0:num=6;
            break;
            case 0x70:num=7;
            break;
        }
        while(temp!=0xf0)
        {
            temp=P1;
            temp=temp&0xf0;
        }
        }
    }
    P1=0xfb;
    temp=P1;
    temp=temp&0xf0;
    if(temp!=0xf0)
    {
        delay(50);
        if(temp!=0xf0)
        {
        switch(temp)
        {
            case 0xe0:num=8;
            break;
            case 0xd0:num=9;
            break;
            case 0xb0:num=10;
            break;
            case 0x70:num=11;
            break;
        }
        while(temp!=0xf0)
        {
          temp=P1;
          temp=temp&0xf0;
        }
        }
    }
```

```
    P1=0xf7;
    temp=P1;
    temp=temp&0xf0;
    if(temp!=0xf0)
    {
        delay(50);
        if(temp!=0xf0)
        {
        switch(temp)
        {
            case 0xe0:num=12;
            break;
            case 0xd0:num=13;
            break;
            case 0xb0:num=14;
            break;
            case 0x70:num=15;
            break;
        }
        while(temp!=0xf0)
        {
          temp=P1;
          temp=temp&0xf0;
        }
        }
    }
    display(num);              //显示num
    }
}
void display(uchar i)          //显示子程序
{
    P0=tabledu[i];
    delay(100);
}
```

项目检测

一、填空题

（1）__________就是将不确定的信号通过一个电阻钳位在高电平，电阻同时起________作用。

（2）在开关闭合及断开的瞬间均伴随有一连串的抖动，这称为__________；为了消除按键抖动产生的影响而采取的操作是_________。

（3）确定矩阵式键盘上何键被按下时，____________是一种最常用的按键识别方法。

二、简答题

（1）简要写出单片机读按键的原理。

（2）简述 4×4 矩阵键盘的识别方法。

三、编程题

（1）假设两只 LED 接单片机的 P1.0 口，按键 K 接 P3.0，编写程序实现以下效果。
按下 K，LED 开始闪烁。

（2）已知电路如图 5-3-2 所示，按键 K 接 P3.1，编写程序实现以下效果。
每次按下 K，LED 闪烁的花样改变一次，花样类型和数量自由选择。

项目六　制作消防车报警器

项目目标

（1）能区分有源和无源蜂鸣器，会画蜂鸣器的驱动电路，要学会编写驱动无源蜂鸣器发声的程序。

（2）会利用 I/O 口定时翻转电平产生矩形波对无源蜂鸣器进行驱动，能通过改变 I/O 口输出矩形波的频率来改变蜂鸣器的声音。

（3）会使用逻辑非和按位异或运算符，能让蜂鸣器发出消防车报警的声音。

项目内容

（1）让蜂鸣器发声。

（2）让蜂鸣器发出音调渐变的声音。

（3）制作模拟消防车报警器。

项目进程

任务一　让蜂鸣器发声

【任务情境】

在工厂实习期间，祝某某和同学们曾经制作了一个 60 秒定时器，受到了指导老师的好评。但是，小祝自己对这个电路还不是很满意，他总觉得这个定时器还少了点什么。你们知道他制作的定时器还有什么需要完善的地方吗？

【任务描述】

制作蜂鸣器驱动电路，编写程序驱动蜂鸣器发出声音。

【计划与实施】

一、连一连

连接如图 6-1-1 所示电路，完成单片机驱动蜂鸣器的电路图。

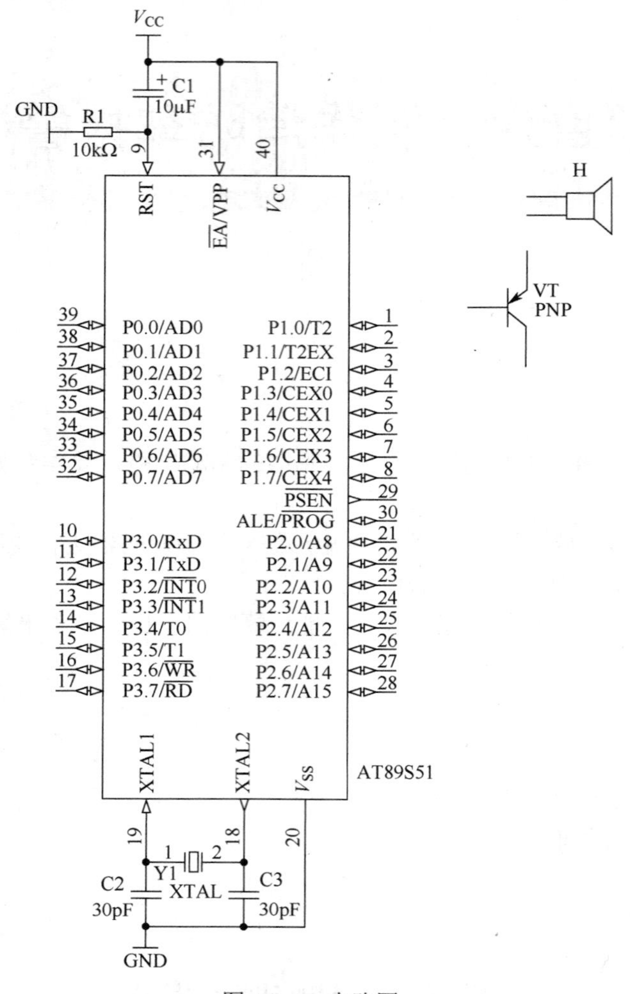

图 6-1-1　电路图

二、说一说

（1）有源蜂鸣器和无源蜂鸣器有什么区别？

（2）查看项目二→任务一→任务资讯，说出逻辑运算符“～”的功能。

三、写一写

让有源蜂鸣器发声的程序。

四、填一填

完成以下程序，使无源蜂鸣器发声。

```
#include <reg51.h>
sbit beep=______;
void main()
{
  ______;
  ET1=1;
```

```
    TMOD=_______;  //确定工作方式为方式1
    TH1=0xfd;
    TL1=0x11;
    _______;
    while(1);
  }
  void time1() interrupt 3 using 3
  {
     TH1=0xfd;
     TL1=0x11;
     beep=______;
  }
```

五、调一调

在项目一制作的单片机最小应用系统的基础上制作本电路，编译、烧录程序，并将烧录程序的单片机安装到电路中，接通电源进行调试。

【练习与评价】

一、练一练

1. 填空题

（1）根据内部结构不同，蜂鸣器可分为____________和_____________两种类型。

（2）根据音源类型不同，蜂鸣器可分为____________和_____________两种类型。

2. 简答题

（1）蜂鸣器有哪些驱动方式？

（2）什么是PWM输出口直接驱动方式？

二、评一评

请回顾在本任务进程中你的收获和疑惑，并在表6-1-1中写出你的体会和评价。

表6-1-1　任务总结与评价表

<table>
<tr><th>内　容</th><th colspan="2">你的收获</th><th>你的疑惑</th></tr>
<tr><td>获得知识</td><td colspan="2"></td><td></td></tr>
<tr><td>掌握方法</td><td colspan="2"></td><td></td></tr>
<tr><td>习得技能</td><td colspan="2"></td><td></td></tr>
<tr><td>学习体会</td><td colspan="3"></td></tr>
<tr><td rowspan="3">学习评价</td><td>自我评价</td><td colspan="2"></td></tr>
<tr><td>同学互评</td><td colspan="2"></td></tr>
<tr><td>老师寄语</td><td colspan="2"></td></tr>
</table>

【任务资讯】

一、电路原理图

图 6-1-2 所示为单片机驱动蜂鸣器发声的电路图。由于单片机输出电流无法直接驱动蜂鸣器，所以图中接入 PNP 三极管（VT）进行电流放大，当 P1.0 口输出高电平时，VT 截止，蜂鸣器不发声，当 P1.0 口输出低电平时，VT 导通，蜂鸣器发声。

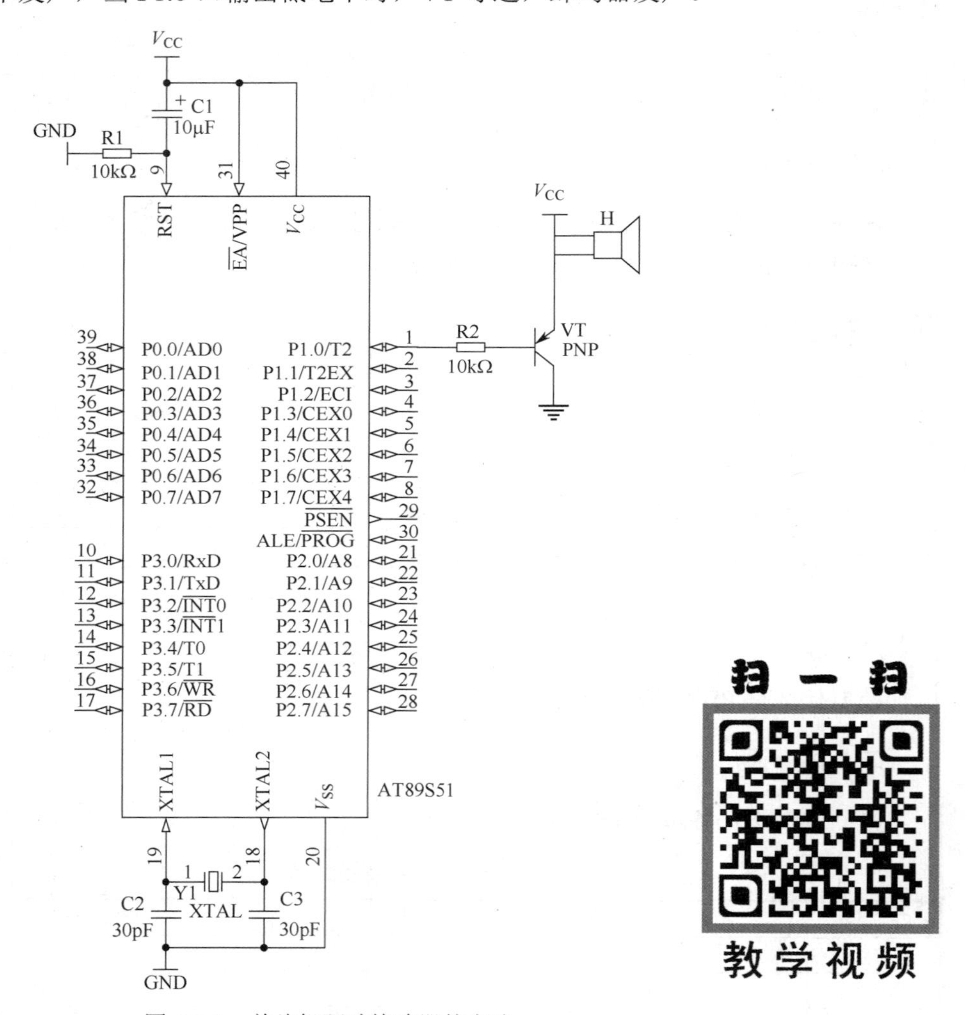

图 6-1-2 单片机驱动蜂鸣器的电路

二、蜂鸣器分类

蜂鸣器是一种一体化结构的电子讯响器，采用直流电压供电，广泛应用于计算机、打印机、复印机、报警器、电子玩具、汽车电子设备、电话机、定时器等电子产品中作发声器件。

根据内部结构不同，蜂鸣器可分为压电式蜂鸣器和电磁式蜂鸣器两种类型。压电式蜂鸣器主要由多谐振荡器、压电蜂鸣片、阻抗匹配器及共鸣箱、外壳等组成。有的压电式蜂

鸣器外壳上还装有发光二极管。多谐振荡器由晶体管或集成电路构成。当接通电源后（1.5～15V 直流工作电压），多谐振荡器起振，输出 1.5k～2.5kHz 的音频信号，阻抗匹配器推动压电蜂鸣片发声。压电蜂鸣片由锆钛酸铅或铌镁酸铅压电陶瓷材料制成。在陶瓷片的两面镀上银电极，经极化和老化处理后，再与黄铜片或不锈钢片粘在一起。

电磁式蜂鸣器由振荡器、电磁线圈、磁铁、振动膜片及外壳等组成。接通电源后，振荡器产生的音频信号电流通过电磁线圈，使电磁线圈产生磁场。振动膜片在电磁线圈和磁铁的相互作用下，周期性地振动发声。

根据音源类型不同，蜂鸣器可分为有源蜂鸣器和无源蜂鸣器两种类型。“有源”的蜂鸣器内部装有集成电路，不需音频驱动电路，只要接通直流电源就能直接发出声响；“无源”的蜂鸣器只有外加音频驱动信号才能发出声响。从外观上看，两种蜂鸣器好像一样，但仔细看，两者的高度略有区别，将两种蜂鸣器的引脚朝上放置时，可以看出无源蜂鸣器有绿色电路板，有源蜂鸣器没有电路板而用黑胶封闭。

三、蜂鸣器的驱动

有源蜂鸣器直接接上额定电源（新的蜂鸣器在标签上都有注明）就可连续发声；而无源蜂鸣器则和电磁扬声器一样，需要接在音频输出电路中才能发声。驱动无源蜂鸣器有两种方式：一种是 PWM 输出口直接驱动；另一种是利用 I/O 口定时翻转电平产生矩形波对蜂鸣器进行驱动。

PWM 输出口直接驱动是利用 PWM 输出口本身可以输出一定的方波来直接驱动蜂鸣器。在单片机的软件设置中有几个系统寄存器是用来设置 PWM 的输出口的，可以设置占空比、周期等。通过设置这些寄存器产生符合蜂鸣器要求的频率的波形之后，只要打开 PWM 输出口，PWM 输出口就能输出该频率的方波，这个时候利用这个波形就可以驱动蜂鸣器了。例如，频率为 2000Hz 的蜂鸣器的驱动，可以知道周期为 500μs，这样只需要把 PWM 的输出口周期设置为 500μs，占空比电平设置为 250μs，就能产生一个频率为 2000Hz 的方波，通过这个方波再利用三极管就可以去驱动这个蜂鸣器了。

而利用 I/O 定时翻转电平来产生驱动波形的方式会比较麻烦一点，必须利用定时器来做定时，通过定时翻转电平产生符合蜂鸣器要求的频率的波形，这个波形就可以用来驱动蜂鸣器了。例如，频率为 2500Hz 的蜂鸣器的驱动，可以知道周期为 400μs，这样只需要驱动蜂鸣器的 I/O 口每 200μs 翻转一次电平就可以产生一个频率为 2500Hz，占空比为 1/2duty 的方波，再通过三极管放大就可以驱动这个蜂鸣器了。

四、参考程序

1. 驱动有源蜂鸣器发声的参考程序

```
#include <reg51.h>
sbit beep=P1^0;
void main()
{
  while(1)
  {
   beep=0;
```

```
    }
}
```

2. 驱动无源蜂鸣器发声的参考程序

由于无源蜂鸣器需要单片机输出一定频率的矩形波才能驱动，所以以下程序采用了定时器中断的方式以一定频率改变输出电平，从而输出矩形波驱动蜂鸣器发声。

```
#include <reg51.h>
sbit beep=P1^0;
void main()
{
  EA=1;               //开总中断
  ET1=1;              //开定时/计数器T1中断
  TMOD=0x10;          //确定工作方式为方式1
  TH1=0xfd;
  TL1=0x11;           //给定时器赋初值，确定输出频率
  TR1=1;              //启动定时器/计数器T1
  while(1);
}
void time1() interrupt 3 using 3
{
    TH1=0xfd;
    TL1=0x11;
    beep=~beep;  //运算符"～"，每次中断到来，P1.0口输出电平翻转一次
}
```

任务二　让蜂鸣器发出音调渐变的声音

【任务情境】

实习期间，祝某某和同学们的好学精神、实践能力和创新意识得到实习单位的认可，他们时刻关注着同学们的学习情况。现在，有客户希望他们在现有的电子钟里加入闹钟的功能，要求闹钟不能发出单调的声音。得知小祝和同学们已经掌握了操控蜂鸣器的方法，他们准备把这个项目交给同学们。小祝他们能否顺利完成这个项目呢？

【任务描述】

编写程序，让任务一制作的电路中的蜂鸣器发出音调渐变的声音。

【计划与实施】

一、议一议

（1）使用单片机驱动蜂鸣器时，怎么改变其发出的声音？
（2）怎样的音调效果才能模拟闹钟的声音？

二、改一改

修改任务一中电路的程序，使蜂鸣器发出另一种音调的声音，并说明理由。

三、填一填

完成以下程序，使无源蜂鸣器发出音调渐变的声音。

```
#include <reg51.h>
unsigned char frq;
sbit beep=P1^0;
void main()
{
  frq=___;
  _______;
  ET1=___;
  TMOD=_____;  //采用工作方式1
  TH1=0x00;
  TL1=0xff;
  TR1=1;
  while(1);
}
void time1() interrupt 3 using 3
{
   frq___;
   TH1=0xfd;
   TL1=frq;
   beep=_____;
}
```

四、调一调

在任务一的基础上修改程序，编译、烧录程序，并将烧录程序的单片机安装到任务一的电路中，接通电源进行调试。

【练习与评价】

一、练一练

（1）声音的 3 个主要的主观属性包括______、______和______。

（2）改变单片机的输出频率，可以改变蜂鸣器的_______。

（3）编写程序，让蜂鸣器每隔一秒钟改变一次音调。

二、评一评

请回顾在本任务进程中你的收获和疑惑，并在表 6-2-1 中写出你的体会和评价。

表 6-2-1　任务总结与评价表

内　容		你的收获	你的疑惑
获得知识			
掌握方法			
习得技能			
学习体会			
学习评价	自我评价		
	同学互评		
	老师寄语		

【任务资讯】

一、声音三要素

声音的 3 个主要的主观属性包括响度、音调和音品。

1．音调

声音的高低称为音调。音调表示人的听觉分辨一个声音的调子高低的程度，又称为音的高度。音调主要由声音的频率决定，同时也与声音强度有关。对一定强度的纯音，音调随频率的升降而升降；对一定频率的纯音、低频纯音的音调随声强增加而下降，高频纯音的音调却随强度增加而上升。

一般说来，儿童说话的音调比成人的高，女子声音的音调比男子高。在小提琴的 4 根弦中，最细的弦，音调最高；最粗的弦，音调最低。在键盘乐器中，靠左边的音调低，靠右边的音调高。

2．响度

人耳感觉到声音的强弱称为响度。响度是感觉判断的声音强弱，即声音响亮的程度，根据它可以把声音排成由轻到响的序列。响度的大小主要依赖于声强，也与声音的频率有关。

声波所到达的空间某一点的声强，是指该点垂直于声波传播方向的单位面积上，在单位时间内通过的声能。对于 2000Hz 的声音，其声强为 2×10^{-12}W/m^2 就可以听到，但对于 50Hz 的声音，需 5×10^{-6}W/m^2 才能听到，感觉这两个声音的响度相同，但它们的声强差 2.5×10^{6} 倍。

对于同一频率的声音，响度随声强的增加不是呈线性关系，声强增大到 10 倍，响度才增大为两倍，声强增大到 100 倍，响度才增大为 3 倍。

3．音品

音品表示人耳对声音音质的感觉，又称为音色。一定频率的纯音不存在音色问题，音品是复音主观属性的反映。各种乐器，奏同样的曲子，即使响度和音调相同，听起来还是不一样。例如，胡琴的声音柔韧；笛子的声音清脆；小提琴的声音优美；小号的声音激昂，就是由于它们的音品不同。所以音品是在听觉上区别具有同样响度和音调的两个声音所不

同的特征，声音的音品主要由其谐音的多寡、各谐音的特性（如频率分布、相对强度等）所决定。乐音中泛音越多，听起来就越好听。低音丰富，给人们以深沉有力的感觉，高音丰富给人们以活泼愉快的感觉。每个人的声音都有独特的音品，所以我们能从电话、广播的声音中辨认出是哪位熟人。

二、设计思路

闹钟通常能发出不同的声音，为了让闹钟发出不同的声音，可以通过改变声音三要素来实现。单片机只能输出幅值一定的矩形波，通过修改延时时间，可以改变输出波形的频率。使用单片机驱动蜂鸣器时，输出波形频率的实时变化会改变蜂鸣器的发声频率，从而使音调发生变化。所以，如果能实现 I/O 口输出波形频率的实时变化，就能让闹钟的声音更加逼真。

在任务一中，已经介绍了如何使用定时器中断让蜂鸣器发出一种音调的声音。音调的高低由定时器的初值决定，初值越大，声音的频率越快，音调越高。所以，只要改变定时器的初值，就能改变蜂鸣器的音调。为了让蜂鸣器的音调实现渐变的效果，就要让定时器的初值发生实时变化，可以是每个中断变化一次，也可以是多个中断变化一次。

三、参考程序

参考程序如下。

```
#include <reg51.h>
unsigned char frq;
sbit beep=P1^0;
void main()
{
  frq=0;
  EA=1;
  ET1=1;
  TMOD=0x10;
  TH1=0x00;
  TL1=0xff;
  TR1=1;        //定时器中断初始化
  while(1);
}
void time1() interrupt 3 using 3
{
   frq++;     //每个中断变量加1，定时器初值改变一次
   TH1=0xfd;
   TL1=frq;  //周期变短，频率变快，蜂鸣器的音调越来越高
   beep=~beep;
}
```

扫一扫

教学视频

任务三　制作模拟消防车报警器

【任务情境】

祝某某的叔叔开了一家玩具厂，专业生产各种玩具车，最近要推出新产品——模拟消防车。这个新产品需要配备逼真的报警声。工厂技术员提了好几个方案，不是声音效果不理想，就是费用太高，都被一一否决。最后还是小祝同学的设计得到大家的一致好评，他是怎么设计的呢？

【任务描述】

制作模拟消防车报警器，使蜂鸣器发出逼真的消防车报警声音。

【计划与实施】

一、想一想

（1）消防车的报警声是怎么样的？
（2）如果你是祝某某，你会通过什么方法让蜂鸣器发出消防车报警声？

二、说一说

查看项目二→任务一→任务资讯，说出以下两个运算符的功能。

（1）!

（2）^

三、画一画

绘制编程流程图。

四、填一填

完成以下程序，使无源蜂鸣器发出消防车报警声。

```
#include <reg51.h>
unsigned char flag,frq,a,b;
sbit beep=P1^0;
void delay(unsigned char x);
void main()
{
  frq=0;
  EA=1;
  ET1=1;
  TMOD=0x10;
  TH1=0x00;
```

```
    TL1=0xff;
    TR1=1;
    flag=0;
    while(1)
    {
      switch(flag)
     {
      case 0:frq__;break;
      case 1:frq__;break;
     }
     if(!(frq^____))flag=1;
     if(!(frq^____))flag=0;
     delay(10);
    }
  }
  void time1() interrupt 3 using 3
  {
   TH1=0xfe;
   TL1=frq;
   beep=__beep;
  }
  void delay(unsigned char x)
  {
   for(a=100;a>0;a--)
    for(b=x;b>0;b--);
  }
```

五、调一调

在任务二的基础上修改程序，编译、烧录程序，并将烧录程序的单片机安装到任务一的电路中，接通电源进行调试。

【练习与评价】

一、练一练

（1）0xfe^0xff=________。

（2）0x11^0xff=________。

（3）（0xfe^0xff）=________。

（4）（0x00^0xff）=________。

二、评一评

请回顾在本任务进程中你的收获和疑惑，并在表 6-3-1 中写出你的体会和评价。

表 6-3-1　任务总结与评价表

内　　容		你的收获	你的疑惑
获得知识			
掌握方法			
习得技能			
学习体会			
学习评价	自我评价		
	同学互评		
	老师寄语		

【任务资讯】

一、消防报警

在某些建筑物内发生火灾时，会发出火警警报，这些警报器一般设置在走道处、楼梯口等经常有人出没的地方，当发生火灾时可以发出声音报警，并且发出闪烁的灯光以提醒在场人员注意，它是利用烟气传感器或温度传感器配合微电子判断电路驱动报警器或电磁继电器用来达到对火灾预警或警示作用。消防车在行驶途中，为了警示路上的车辆让道，也会发出报警声。无论是火灾现场还是消防车，都要用到消防报警器，如图 6-3-1 所示。消防报警的声音通常是忽高忽低，这些声音是通过蜂鸣器或喇叭发出的。驱动蜂鸣器可以用 555 定时器电路实现，如图 6-3-2 所示，也可以用单片机实现，电路如图 6-1-1 所示。用单片机驱动时，要求单片机输出波形的频率要在递增和递减之间不断循环，使报警声的音调真正达到警示的作用。

图 6-3-1　消防报警器

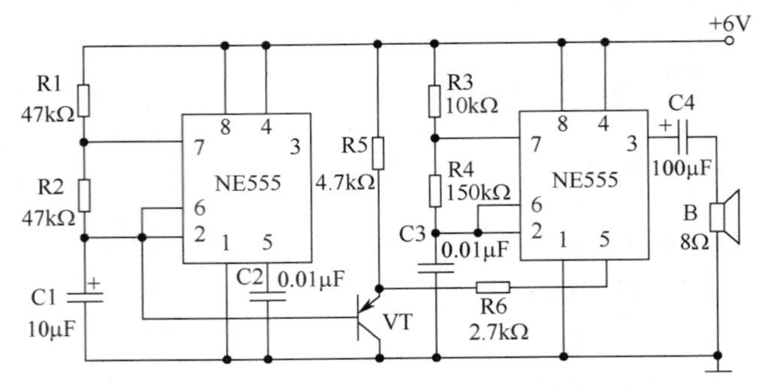

图 6-3-2　555 消防报警器电路

二、相关运算符

1．逻辑非运算符

在 C 语言中，“!”为逻辑非运算符。“逻辑非”是指本来值的反值。例如，“!0”这个

逻辑表达式的值为 1（判断的这个数为 0，成立，则其表达式的值为 1）；“!1”这个逻辑表达式的值为 0（判断的这个数非 0，不成立，则其表达式的值为 0）。

2. 按位异或运算符

在 C 语言中，“^”为按位异或运算符。对应位相同时为假，不同时为真。

例如：

```
1^1=0;
0^0=0;
0^1=1;
0xff^0xff=11111111^11111111=00000000=0;
0x00^0xff=00000000^11111111=11111111=0xff;
```

三、编程流程图和参考程序

图 6-3-3 所示为消防报警器电路的编程流程图。

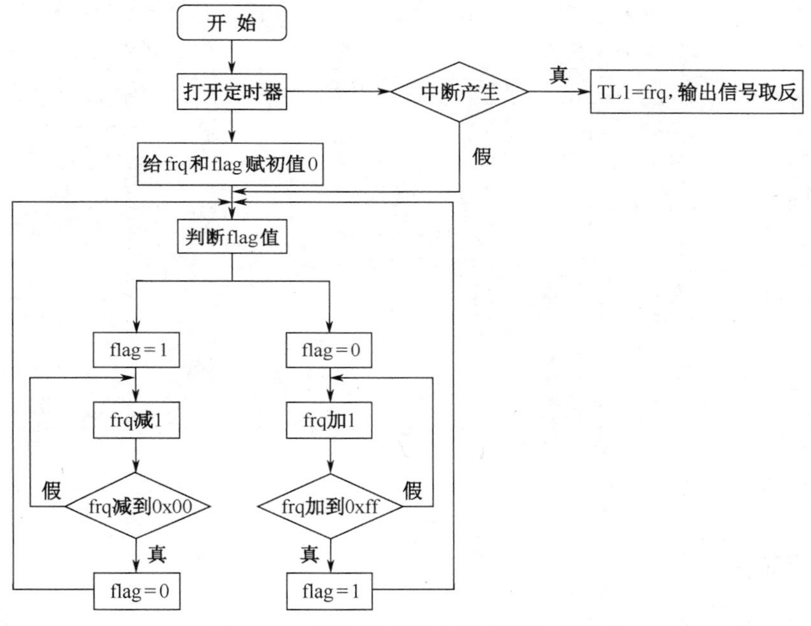

图 6-3-3　消防报警器电路编程流程图

根据以上编程流程图，编写程序如下。

```
#include <reg51.h>
unsigned char flag,frq,a,b;
sbit beep=P1^0;
void delay(unsigned char x);
void main()
{
  frq=0;                          //frq初值为0(决定定时器的初值)
  EA=1;
  ET1=1;
  TMOD=0x10;
```

```
  TH1=0x00;
  TL1=0xff;
  TR1=1;
  flag=0;                  //flag初值为0（变量flag决定frq是递增还是递减）
  while(1)
  {
    switch(flag)
    {
     case 0:frq++;break;  //flag=0时，frq递增，频率变快，蜂鸣器音调变高
     case 1:frq--;break;  //flag=1时，frq递减，频率变慢，蜂鸣器音调变低
    }
    if(!(frq^0xff))flag=1;
                           //当frq递增到0xff时,由于!(0xff^0xff)=1，则flag=1
    if(!(frq^0x00))flag=0;
                           //当frq递减到0x00时,由于!(0x00^0x00)=1，则flag=0
    delay(10);
  }
}
void time1() interrupt 3 using 3
{
 TH1=0xfe;
 TL1=frq;                  //给定时器赋初值，
 beep=~beep;               //beep取反
}
void delay(unsigned char x)
{
 for(a=100;a>0;a--)
  for(b=x;b>0;b--);
}
```

项目检测

一、填空题

（1）压电式蜂鸣器主要由__________、__________、______________、外壳等组成。

（2）电磁式蜂鸣器由_________、________、________、________及外壳等组成。

（3）________蜂鸣器内部装有集成电路，不需音频驱动电路，只要接通直流电源就能直接发出声响；_______只有外加音频驱动信号才能发出声响。

（4）有源蜂鸣器直接接上_________就可连续发声；而无源蜂鸣器则和电磁扬声器一样，需要接在________电路中才能发声。

（5）之所以我们能从电话、广播的声音中辨认出是哪位熟人，是因为每个人的声音都有独特的音品。

二、语句解释

（1）if(!key) led=0

（2）a=0xff^0x1f

（3）！1

（4）beep=～beep

三、简答题

简要回答利用 I/O 定时翻转电平来驱动蜂鸣器的具体方法。

四、编程题

（1）利用矩阵键盘，编程实现：按下不同键时，蜂鸣器会发出不同的音调。

（2）结合项目四的 60 秒定时器，编程实现：当定时结束时，蜂鸣器发出警报。

项目七　制作D/A、A/D转换电路

项目目标

（1）掌握 D/A 转换器和 A/D 转换器的工作原理，能分析简单的时序图。
（2）会使用 DAC0832 进行 D/A 转换，会使用 ADC0804 进行 A/D 转换。

项目内容

（1）让 LED 逐渐变亮。
（2）用电位器逐个点亮 8 只 LED。

项目进程

任务一　让 LED 逐渐变亮

【任务情境】

从 Powerbook g3 和 Ibook 开始，苹果的笔记本电脑就开始加入了呼吸灯的设计，如图 7-1-1 所示。只要当用户合上笔记本的时候，位于笔记本前端的睡眠指示灯就会呈呼吸状的闪动，这样的设计第一次出现在大家面前的时候，人们更多的是赞叹苹果的无限创意。祝某某也想自己做一个呼吸灯，应该从何处入手呢？

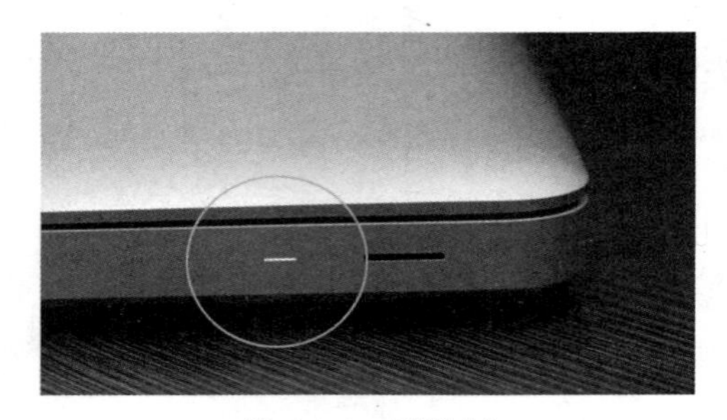

图 7-1-1　呼吸灯

【任务描述】

制作电路，使用 DAC0832 控制一只 LED 逐渐变亮。

【计划与实施】

一、议一议

D/A 转换器的工作原理。

二、想一想

怎么才能让 LED 逐渐变亮？

三、说一说

分析并说出 DAC0832 时序图所蕴含的意义。

四、连一连

完成图 7-1-2 所示电路，让 DAC0832 将单片机输入的数字信号转换为模拟量输出，实现 LED 逐渐变亮的效果，要求用单片机的 P0 口向 DAC0832 输入数据。

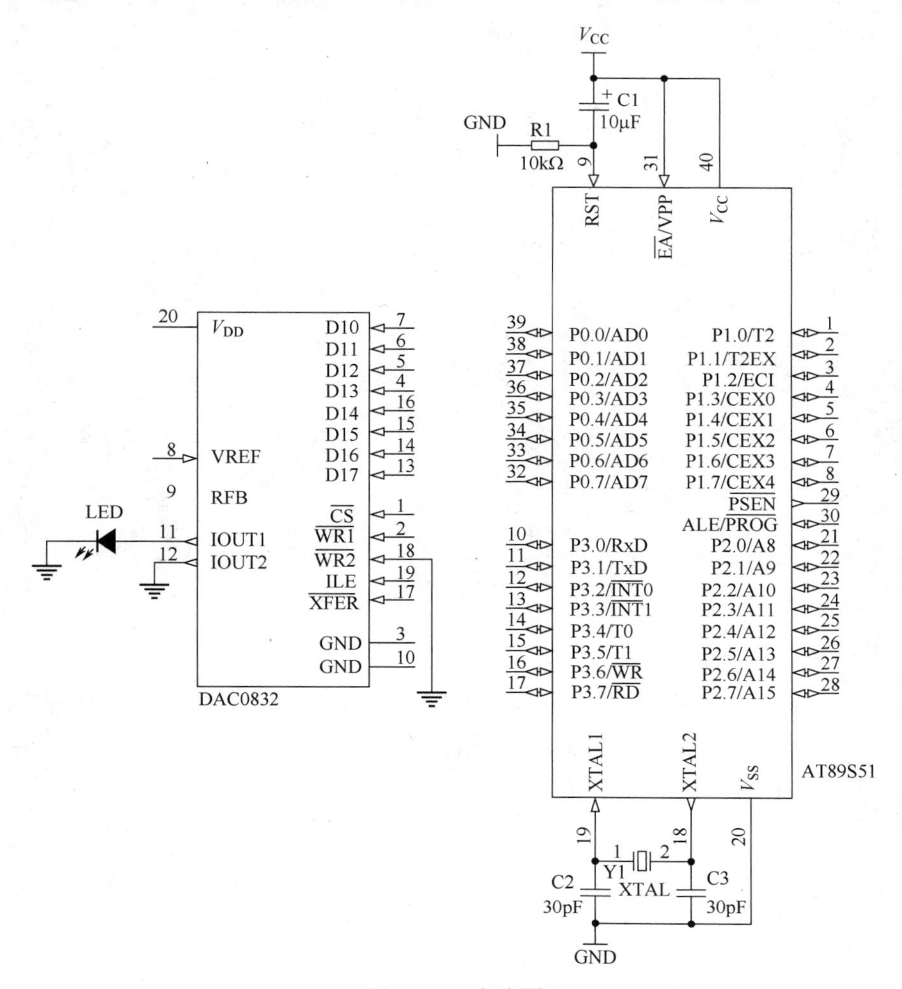

图 7-1-2 电路图

五、画一画

绘制编程流程图。

六、填一填

完成以下程序，让图 7-1-2 所示电路中的 LED 逐渐变亮。

```
#include<reg51.h>
sbit csda=P3^2;
sbit wr=P3^6;
#define P0 digital
void main()
{
i=0;
digital=0;
    EA=1;
    ET1=1;
    TMOD=0x10;
    TH1=(65536-5000)/256;
    TL1=(65536-5000)%256;
    TR1=1;
    csda=____;
    wr=____;
    flag=____;
    while(1);
}
void time1() interrupt 3 using 3
{
    TH1=(65536-5000)/256;
    TL1=(65536-5000)%256;
    switch(_____)
    {
      case 0:______;break;
      case 1:______;break;
    }
     if(!(digital^0xff))flag=1;
     if(!(digital^0x00))flag=0;
}
```

七、调一调

在项目一制作的单片机最小应用系统的基础上制作本电路，编译、烧录程序，并将烧录程序的单片机安装到电路中，接通电源进行调试。

【练习与评价】

一、练一练

1. 简答题

（1）D/A 转换器的主要性能指标有哪些？

（2）DAC0832 主要特性有哪些？

2. 填空题

（1）分辨率是指输入数字量的___________（LSB）发生变化时，所对应的输出模拟量（电压或电流）的变化量。它反映了输出模拟量的___________。

（2）DAC0832 是使用非常普遍的 8 位 D/A 转换器，由于其片内有输入___________，因此可以直接与单片机接口。DAC0832 以________形式输出，当需要转换为_______输出时，可外接运算放大器。

二、评一评

请回顾在本任务进程中你的收获和疑惑，并在表 7-1-1 中写出你的体会和评价。

表 7-1-1　任务总结与评价表

内　　容	你的收获		你的疑惑
获得知识			
掌握方法			
习得技能			
学习体会			
学习评价	自我评价		
	同学互评		
	老师寄语		

【任务资讯】

一、D/A 转换器的原理及主要技术指标

1. D/A 转换器的基本原理及分类

图 7-1-3 所示为 T 型电阻网络 D/A 转换器，分析该电路的电流和输出电压，有以下关系式

$$I=V_{REF}/R$$

$$I7=I/2^1、I6=I/2^2、I5=I/2^3、I4=I/2^4、I3=I/2^5、I2=I/2^6、I1=I/2^7、I0=I/2^8$$

当输入数据 D7～D0 为 1111 1111 时，有

$$I_{O1}=I7+I6+I5+I4+I3+I2+I1+I0=（I/2^8）×（2^7+2^6+2^5+2^4+2^3+2^2+2^1+2^0）$$

$$I_{O2}=0$$

若 $R_{fb}=R$，则

$$\begin{aligned}V_O&=-I_{O1}×R_{fb}\\&=-I_{O1}×R\\&=[(V_{REF}/R)/2^8]×（2^7+2^6+2^5+2^4+2^3+2^2+2^1+2^0）×R\\&=-(V_{REF}/2^8)×（2^7+2^6+2^5+2^4+2^3+2^2+2^1+2^0）\end{aligned}$$

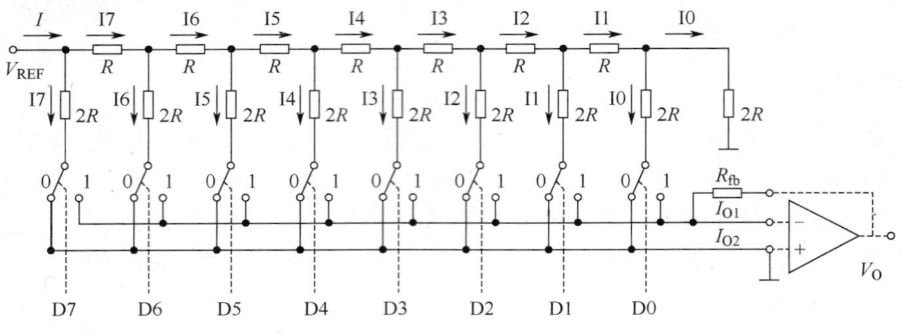

图 7-1-3　T 型电阻网络 D/A 转换器

综上所述，D/A 转换器的输出电压的大小与输入的数字量之间具有对应的关系。

2. D/A 转换器的主要性能指标

（1）分辨率。

分辨率是指输入数字量的最低有效位（LSB）发生变化时，所对应的输出模拟量（电压或电流）的变化量。它反映了输出模拟量的最小变化值。分辨率与输入数字量的位数有确定的关系，可以表示成 $FS/2^n$。FS 表示满量程输入值，n 为二进制位数。对于 5V 的满量程，采用 8 位的 DAC 时，分辨率为 5V/256＝19.5mV；当采用 12 位的 DAC 时，分辨率则为 5V/4096＝1.22mV。显然，位数越多分辨率就越高。

（2）线性度。

线性度（也称为非线性误差）是指实际转换特性曲线与理想直线特性之间的最大偏差。常以相对于满量程的百分数表示，如±1%是指实际输出值与理论值之差在满刻度的±1%以内。

（3）绝对精度和相对精度。

绝对精度（简称精度）是指在整个刻度范围内，任一输入数码所对应的模拟量实际输出值与理论值之间的最大误差。绝对精度是由 DAC 的增益误差（当输入数码为全 1 时，实际输出值与理想输出值之差）、零点误差（数码输入为全 0 时，DAC 的非零输出值）、非线性误差和噪声等引起的。绝对精度（即最大误差）应小于一个 LSB。相对精度与绝对精度表示同一含义，用最大误差相对于满刻度的百分比表示。

（4）建立时间。

建立时间是指输入的数字量发生满刻度变化时，输出模拟信号达到满刻度值的±1/2LSB 所需的时间。其他是描述 D/A 转换速率的一个动态指标。电流输出型 DAC 的建立时间短。电压输出型 DAC 的建立时间主要决定于运算放大器的响应时间。根据建立时间的长短，可以将 DAC 分成超高速（＜1μs)、高速（1～10μs)、中速（10～100μs)、低速（≥100μs）几挡。

应当注意的是，精度和分辨率具有一定的联系，但概念不同。DAC 的位数多时，分辨率会提高，对应于影响精度的量化误差会减小。但其他误差（如温度漂移、线性不良等）的影响仍会使 DAC 的精度变差。

二、DAC0832 芯片简介

DAC0832 是使用非常普遍的 8 位 D/A 转换器，由于其片内有输入数据寄存器，因此可以直接与单片机接口。DAC0832 以电流形式输出，当需要转换为电压输出时，可外接运算

放大器。属于该系列的芯片还有 DAC0830、DAC0831，它们可以相互代换。DAC0832 主要特性如下。

（1）分辨率 8 位。

（2）电流建立时间 1μs。

（3）数据输入可采用双缓冲、单缓冲或直通方式。

（4）输出电流线性度可在满量程下调节。

（5）逻辑电平输入与 TTL 电平兼容。

（6）单一电源供电（＋5～＋15V）。

（7）低功耗，20mW。

图 7-1-4 所示为 DAC0832 内部结构及引脚图，各个引脚的功能说明如下。

（1）$\overline{\text{CS}}$：片选信号，输入低电平有效。与 I_{LE} 相配合，可对信号 $\overline{\text{WR1}}$ 是否有效起到控制作用。

（2）I_{LE}：允许锁存信号，输入高电平有效。输入锁存器的信号 $\overline{\text{LE1}}$ 由 I_{LE}、$\overline{\text{CS}}$、$\overline{\text{WR1}}$ 的逻辑组合产生。当 I_{LE} 为高电平，$\overline{\text{CS}}$ 为低电平，$\overline{\text{WR1}}$ 输入负脉冲时，$\overline{\text{LE1}}$ 信号为正脉冲。$\overline{\text{LE1}}$ 为高电平时，输入锁存器的状态随着数据输入线的状态变化，$\overline{\text{LE1}}$ 的负跳变将数据线上的信息锁入输入锁存器。

（3）$\overline{\text{WR1}}$：写信号 1，输入低电平有效。当 $\overline{\text{WR1}}$、$\overline{\text{CS}}$、I_{LE} 均为有效时，可将数据写入输入锁存器。

（4）$\overline{\text{WR2}}$：写信号 2，输入低电平有效。当其有效时，在传送控制信号 $\overline{\text{XFER}}$ 的作用下，可将锁存在输入锁存器的 8 位数据送到 DAC 寄存器。

（5）$\overline{\text{XFER}}$：数据传送控制信号，输入低电平有效。当 $\overline{\text{XFER}}$ 为低电平，$\overline{\text{WR2}}$ 输入负脉冲时，则在 $\overline{\text{LE2}}$ 产生正脉冲。$\overline{\text{LE2}}$ 为高电平时，DAC 寄存器的输出和输入锁存器状态一致，$\overline{\text{LE2}}$ 的负跳变将输入锁存器的内容锁入 DAC 寄存器。

（6）V_{REF}：基准电压输入端，可在-10～+10V 范围内调节。

（7）DI7～DI0：数字量数据输入端。

（8）I_{OUT1}、I_{OUT2}：电流输出引脚。电流 I_{OUT1} 与 I_{OUT2} 的和为常数，I_{OUT1}、I_{OUT2} 随寄存器的内容线性变化。

（9）R_{fb}：DAC0832 芯片内部反馈电阻引脚。

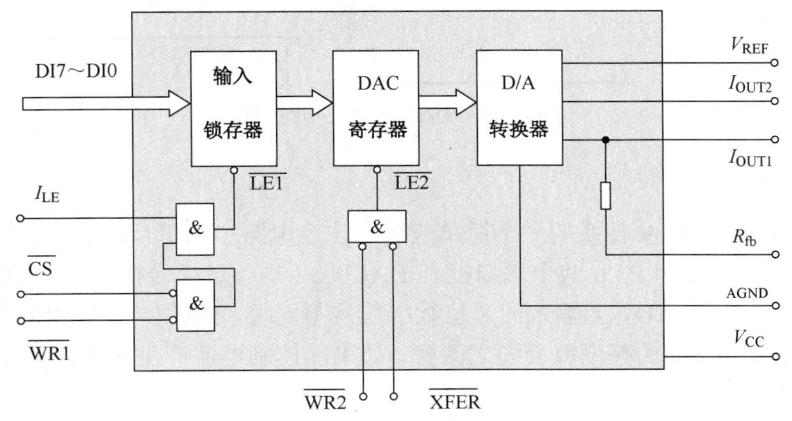

图 7-1-4　DAC0832 内部结构及引脚图

三、时序图

所谓时序，就是指按照一定的时间顺序给出信号就能得到你想要的数据，或者把你要写的数据写进芯片。每一个芯片都有特定的时序图，时序图就是工作波形图，是按照时间顺序进行的图解，在时序图上可以反映出某一时刻各信号的取值情况。时序图可以这样看，按照从上到下，从左到右的顺序，每到一个突变点（从 0 变为 1，或从 1 变为 0）时，记录各信号的值，就可获得一张真值表，进而分析可知其相应的功能。

图 7-1-5 所示为 DAC0832 的工作时序图。第一行是片选信号（$\overline{CS}$）波形图，第二行是写信号（$\overline{WR}$）波形图，第三行是数字信号输入波形，最后一行表示输出的模拟信号波形。从该时序图可以看出，要将单片机的数字信号输入 D/A 转换器并转换为模拟信号，必须先将片选端和写信号端依次置 0。

例如，假设 DAC0832 的数据输入端与单片机 P0 口相连，片选端（$\overline{CS}$）与 P3.0 相连，写信号端（$\overline{WR}$）与 P3.1 相连。则将数字信号 1111 1111 转换为模拟量的程序如下。

```
#include<reg51.h>
sbit csda=P3^0;
sbit wr=P3^1;
void main()
{
    csda=0;
    wr=0;
    P0=0xff;
    while(1);
}
```

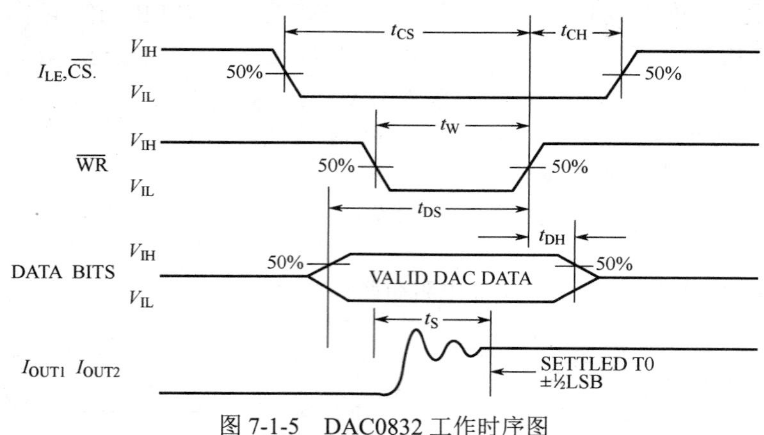

图 7-1-5　DAC0832 工作时序图

四、电路原理图

图 7-1-6 所示为 D/A 转换的一个简单应用。在该电路中，单片机的 P0 口向 DAC0832 输入数据，通过 P3.2 和 P3.6 两个端口控制 DAC0832 进行数模转换。在 DAC0832 的输出端（I_{OUT1}）接有一只 LED，当输入的 8 位数字信号不同时，DAC0832 输出的电流大小也会发生相应的变化，LED 的亮度就会随之改变。如果能控制电流产生渐变，那么 LED 就会有呼吸灯的效果。

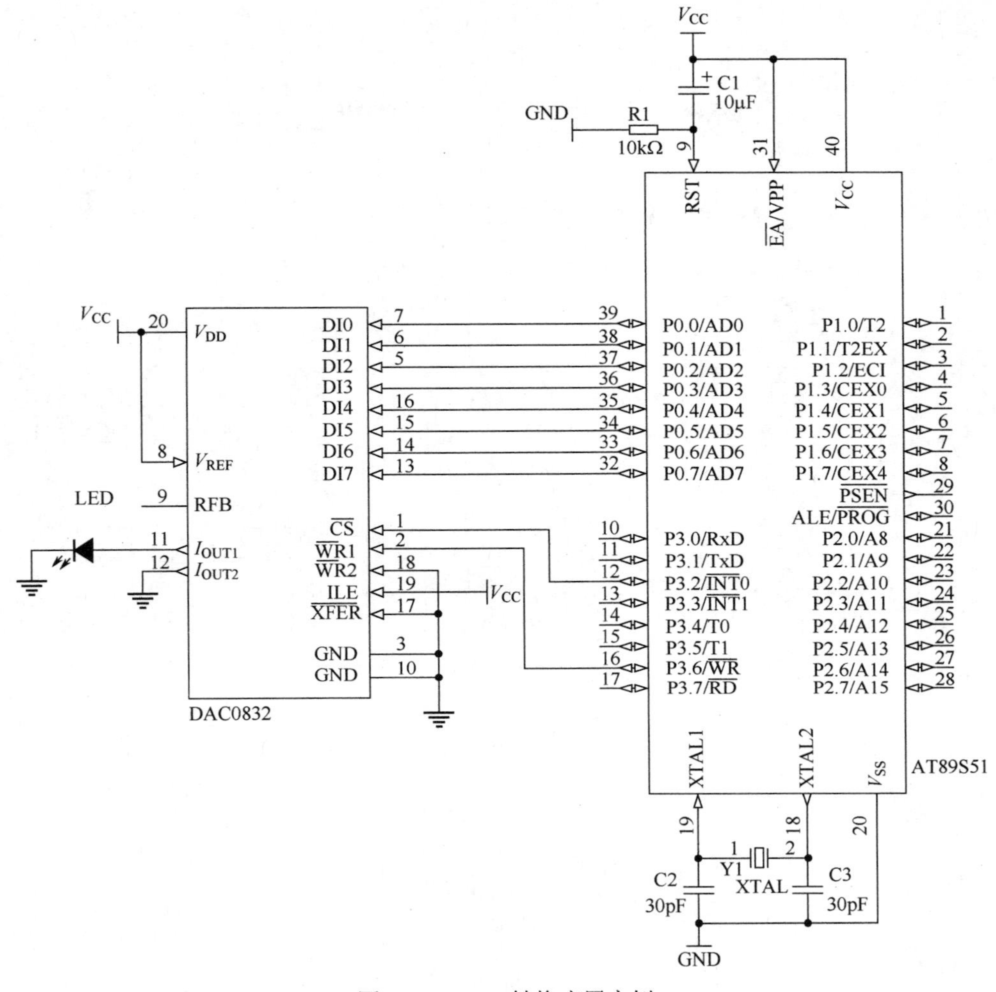

图 7-1-6　D/A 转换应用实例

五、编程流程图和参考程序

根据以上时序分析和图 7-1-6 所示的电路图，绘制编程流程图如图 7-1-7 所示。根据编程流程图，编写程序如下。

```
#include<reg51.h>
sbit csda=P3^2;
sbit wr=P3^6;
#define P0 digi
void main()
{
i=0;
digi=0;
    EA=1;
    ET1=1;
    TMOD=0x10;
    TH1=(65536-5000)/256;
    TL1=(65536-5000)%256;
```

```
    TR1=1;                    //开定时器中断
    csda=0;                   //片选开通
    wr=0;                     //写数据开通
    flag=0;                   //flag初值为0（变量flag决定digital是递增还是递减）
    while(1);
}
void time1() interrupt 3 using 3
{
    TH1=(65536-5000)/256;
    TL1=(65536-5000)%256;      //恢复定时器初值
    switch(flag)
    {
      case 0:digi++;break;     //flag=0时，digital递增，LED逐渐变亮
      case 1:digi--;break;     //flag=1时，digital递减，LED逐渐变暗
    }
     if(!(digi^0xff))flag=1;
                    //当digital递增到0xff时,由于!(0xff^0xff)=1，则flag=1
     if(!(digi^0x00))flag=0;
                    //当digital递减到0x00时,由于!(0x00^0x00)=1，则flag=0
}
```

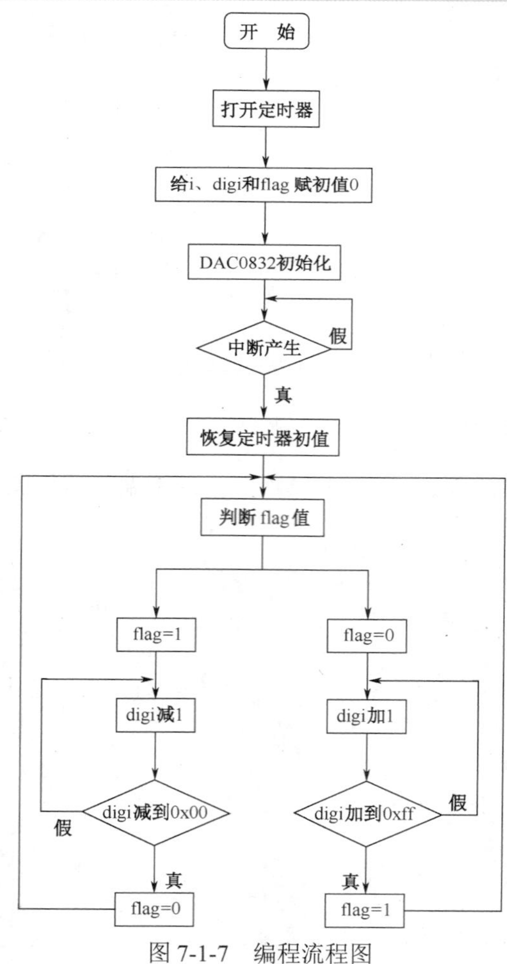

图 7-1-7　编程流程图

任务二　用电位器逐个点亮八只 LED

【任务情境】

数字电压表是最常用的电子仪器之一，如图 7-2-1 所示。该仪器能将输入电压的大小以数字的形式显示出来，非常直观。那么，它是如何将输入的模拟量转换为数字信号的呢？

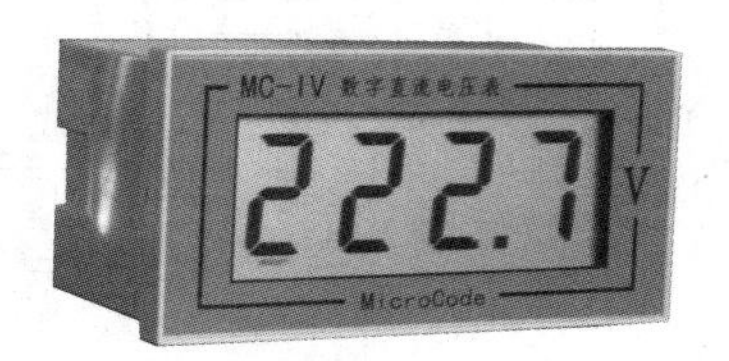

图 7-2-1　数字电压表

【任务描述】

制作 A/D 转换电路，通过调节电位器使 8 只 LED 逐个发光。

【计划与实施】

一、议一议

A/D 转换器的工作原理。

二、写一写

下列 ADC0804 的引脚的作用。

（1）$\overline{CS}$：

（2）$\overline{RD}$：

（3）$\overline{WR}$：

（4）$\overline{INTR}$：

三、说一说

分析并说出 ADC0804 时序图所蕴含的意义。

四、连一连

完成图 7-2-2 所示电路，实现以下功能：通过调节 R3，让 ADC0804 输出的 8 位数字信号不断变化，从而控制其连接的 8 只 LED 逐个发光。

五、画一画

绘制编程流程图。

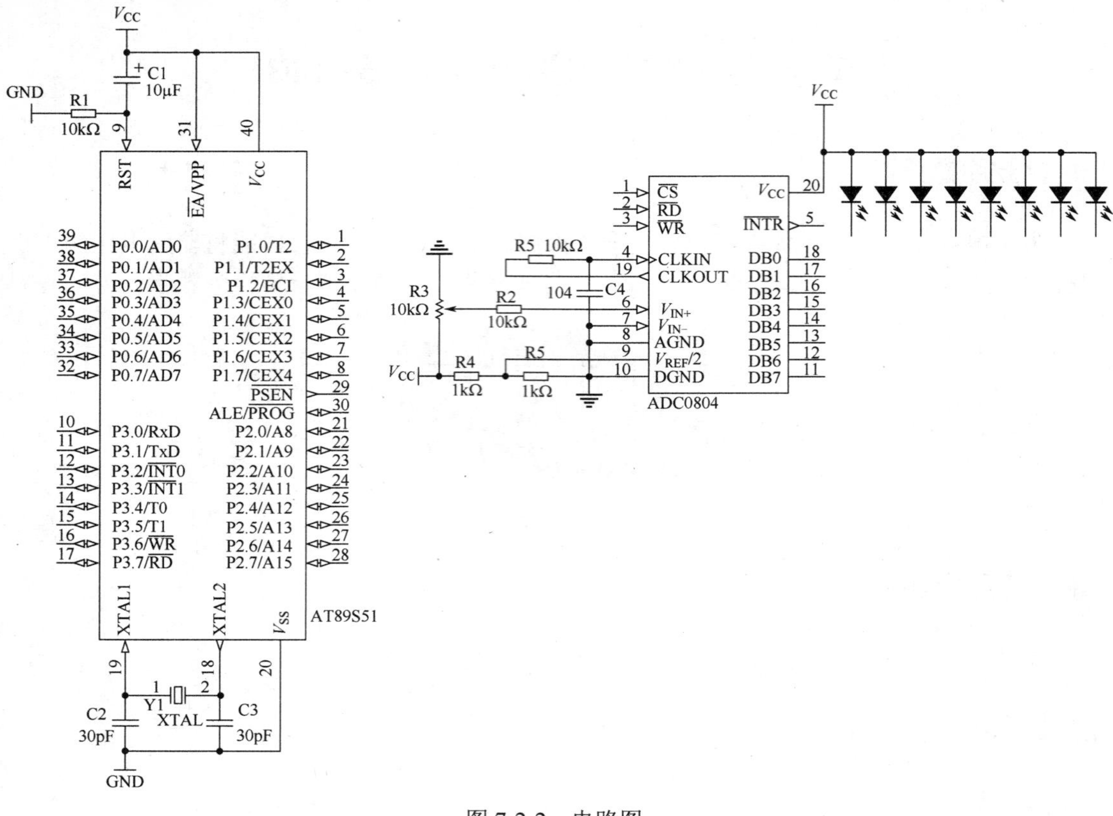

图 7-2-2　电路图

六、填一填

完成以下程序，实现本任务要求的效果。

```
#include<reg51.h>
#define uchar unsigned char
#define uint unsigned int
sbit intr=P3^3;
sbit cs=P3^2;
sbit wr=P3^6;
sbit rd=P3^7;
void delay(uint z)
{
    uint x,y;
    for(x=z;x>0;x--)
        for(y=110;y>0;y--);
}
void main()
{
   init();
   while(1)
   {
    cs=___;
    wr=___;
    wr=___;
```

```
        while(int1==___);
        rd=___;
        delay(10);
        rd=___;
        cs=___;
    }
    void init()
    {
      rd=___;
      wr=___;
      intr=___;
    }
```

七、调一调

在项目一制作的单片机最小应用系统的基础上制作本电路，编译、烧录程序，并将烧录程序的单片机安装到电路中，接通电源进行调试。

【练习与评价】

一、练一练

1. 填空题

（1）所谓 A/D 转换器就是将输入的________信号转换成________信号。

（2）ADC0804 是用 CMOS 集成工艺制成的__________型模数转换芯片。

2. 简答题

（1）A/D 转换器的主要技术指标有哪些?

（2）ADC0804 的 A/D 转换过程分哪几个阶段？

二、评一评

请回顾在本任务进程中你的收获和疑惑并在表 7-2-1 中写出你的体会和评价。

表 7-2-1　任务总结与评价表

<table>
<tr><th colspan="2">内　容</th><th>你的收获</th><th>你的疑惑</th></tr>
<tr><td colspan="2">获得知识</td><td></td><td></td></tr>
<tr><td colspan="2">掌握方法</td><td></td><td></td></tr>
<tr><td colspan="2">习得技能</td><td></td><td></td></tr>
<tr><td colspan="2">学习体会</td><td colspan="2"></td></tr>
<tr><td rowspan="3">学习评价</td><td>自我评价</td><td colspan="2"></td></tr>
<tr><td>同学互评</td><td colspan="2"></td></tr>
<tr><td>老师寄语</td><td colspan="2"></td></tr>
</table>

【任务资讯】

一、A/D 转换器的原理及主要技术指标

1. A/D 转换器的原理

所谓 A/D 转换器就是模拟/数字转换器（ADC），是将输入的模拟信号转换成数字信号。信号输入端可以是传感器或转换器的输出，而 ADC 的数字信号也可能提供给微处理器，以便广泛地应用。主要分成两类：逐次逼近式 ADC 和双积分式 ADC。

（1）逐次逼近式 ADC 的转换原理。

图 7-2-3 所示为逐次逼近式 ADC 的功能电路图，其转换原理说明如下。

A/D 转换器内有 D/A 转换电路和电压比较器。

首先向片内 D/A 转换器输入 1000 0000，若电压比较器：$V_{IN}>V_N$（V_N 为片内 D/A 转换的输出电压，V_{IN} 为 A/D 转换器的输入电压），N 位寄存器的第一位置 1（若 $V_{IN}<V_N$,则寄存器的第一位写 0）；然后向 D/A 转换输入 1100 0000（第一位写 0 时，输入 0111 1111），若 $V_{IN}>V_N$，则寄存器第二位置 1（若 $V_{IN}<V_N$，则写 0）。再向 D/A 转换输入 1110 0000（或 0011 1111），若 $V_{IN}>V_N$，则寄存器第三位置 1（若 $V_{IN}<V_N$，则写 0）。依次下去直到寄存器第 8 位赋值结束，控制逻辑检测到比较器进行 8 次后，EOC 输入信号，让 A/D 转换器将结果通过锁存缓存器输出至 D0～D7。

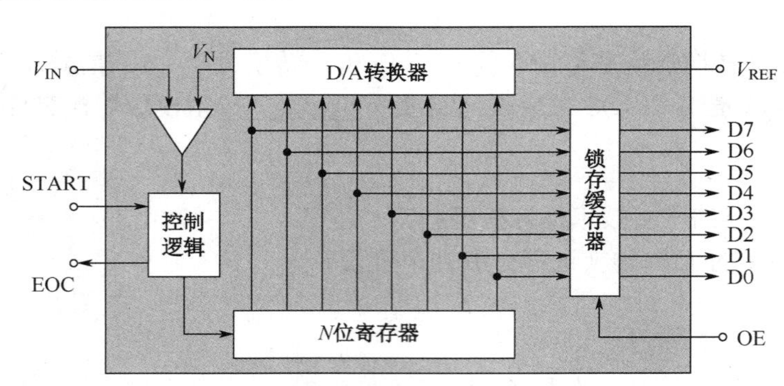

图 7-2-3 逐次逼近式 ADC 功能电路图

（2）双积分式 ADC 的转换原理。

图 7-2-4 所示为双积分式 ADC 的功能电路图，其基本原理简要介绍如下。

双积分式 ADC 是对输入模拟电压和参考电压分别进行两次积分，将输入电压平均值变成与之成正比的时间间隔，然后利用时钟脉冲和计数器测出此时间间隔，进而得到相应的数字量输出。由于该转换电路是对输入电压的平均值进行变换，所以它具有很强的抗工频干扰能力，在数字测量中得到广泛应用。

2. A/D 转换器的主要技术指标

（1）分辨率。

ADC 的分辨率是指使输出数字量变化一个相邻数码所需输入模拟电压的变化量。常用二进制的位数表示，如 12 位 ADC 的分辨率就是 12 位，或者说分辨率为满刻度 FS 的 $1/2^{12}$。

例如，一个 10V 满刻度的 12 位 ADC 能分辨输入电压变化最小值是 $10V\times 1/2^{12}=2.4mV$。

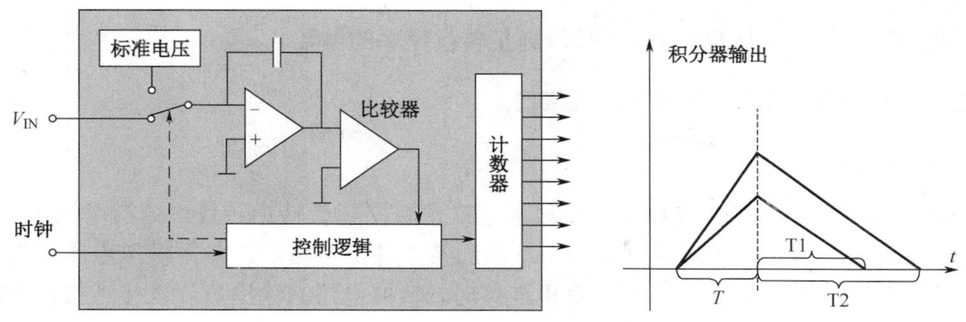

图 7-2-4　双积分式 ADC 功能电路图

（2）量化误差。

ADC 把模拟量转换为数字量，用数字量近似表示模拟量，这个过程称为量化。量化误差是 ADC 的有限位数对模拟量进行量化而引起的误差。实际上，要准确表示模拟量，ADC 的位数需很大甚至无穷大。一个分辨率有限的 ADC 的特性曲线通常是阶梯状的，这种阶梯状的转换特性曲线与具有无限分辨率的 ADC 转换特性曲线（直线）之间的最大偏差即是量化误差。量化误差的单位用 LSB(最低有效位)表示，量化误差为 1LSB 和 1/2LSB 的特性曲线如图 7-2-5 和图 7-2-6 所示。

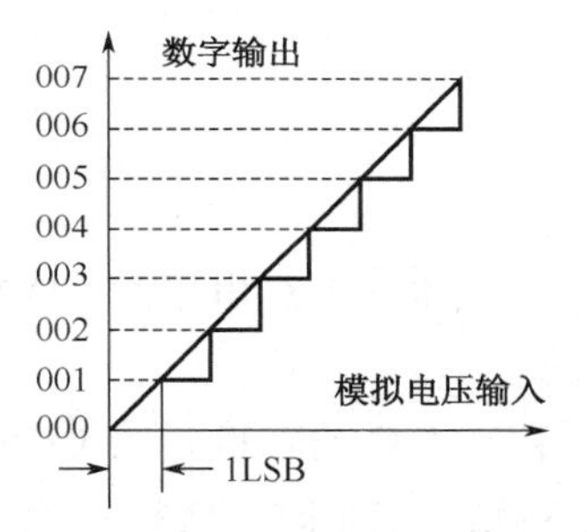

图 7-2-5　量化误差为 1LSB 的特性曲线

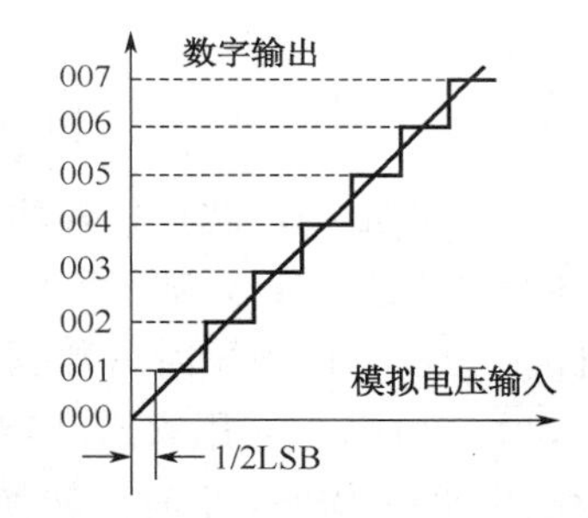

图 7-2-6　量化误差为 1/2LSB 的特性曲线

（3）偏移误差。

偏移误差是指输入信号为零时，输出信号不为零的值，所以有时又称为零值误差。假定 ADC 没有非线性误差，则其转换特性曲线各阶梯中点的连线必定是直线，这条直线与横轴相交点所对应的输入电压值就是偏移误差。

（4）满刻度误差。

满刻度误差又称为增益误差。ADC 的满刻度误差是指满刻度输出数码所对应的实际输入电压与理想输入电压之差。

（5）线性度。

线性度有时又称为非线性度，它是指转换器实际的转换特性与理想直线的最大偏差。

（6）绝对精度。

在一个转换器中，任何数码所对应的实际模拟量输入与理论模拟输入之差的最大值，称为绝对精度。对于 ADC 而言，可以在每一个阶梯的水平中点进行测量，它包括了所有的误差。

（7）转换速率。

ADC 的转换速率是能够重复进行数据转换的速度，即每秒转换的次数。而完成一次

A/D 转换所需的时间（包括稳定时间），则是转换速率的倒数。

二、ADC0804 芯片及其与单片机接口

1. 芯片简介

ADC0804 是用 CMOS 集成工艺制成的逐次比较型模数转换芯片。分辨率为 8 位，转换时间为 100μs，输入电压范围为 0～5V，增加某些外部电路后，输入模拟电压可为 5V。该芯片内有输出数据锁存器，当与计算机连接时，转换电路的输出可以直接连接在 CPU 数据总线上，无须附加逻辑接口电路。

图 7-2-7 所示为 ADC0804 的引脚图，它们的功能说明如下。

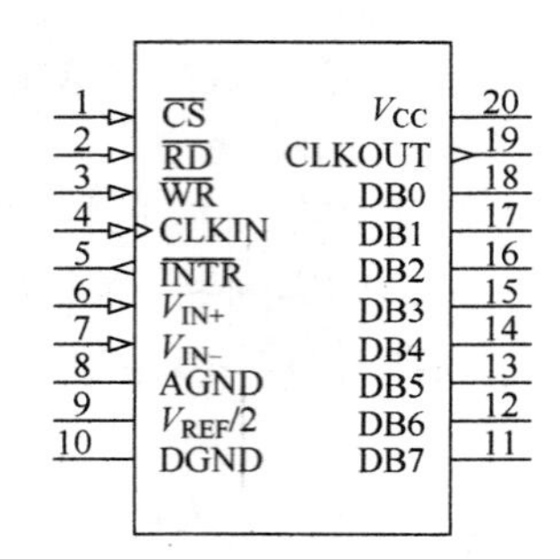

图 7-2-7　ADC0804 的引脚图

（1）$\overline{CS}$（引脚 1）：芯片选择信号，低电平有效。

（2）$\overline{RD}$（引脚 2）：外部读取转换结果的控制输出信号。$\overline{RD}$ 为高电平时，DB0～DB7 处理高阻抗；$\overline{RD}$ 为低电平时，数据才会输出。

（3）$\overline{WR}$（引脚 3）：用来启动转换的控制输入，相当于 ADC 的转换开始（$\overline{CS}$=0 时），当 $\overline{WR}$ 由高电平变为低电平时，转换器被清除；当 $\overline{WR}$ 回到高电平时，转换正式开始。

$\overline{CS}$、$\overline{RD}$、$\overline{WR}$（引脚 1、2、3）是数据控制输入端，满足标准 TTL 逻辑电平。其中 $\overline{CS}$ 和 $\overline{WR}$ 用来控制 A/D 转换的启动信号。$\overline{CS}$、$\overline{RD}$ 用来读 A/D 转换的结果，当它们同时为低电平时，输出数据锁存器 DB0～DB7 各端上出现 8 位并行二进制数码。

（4）CLKI（引脚 4）和 CLKR（引脚 19）：ADC0801～0805 片内有时钟电路，只要在外部“CLKI”和“CLKR”两端外接一对电阻电容即可产生 A/D 转换所要求的时钟，其振荡频率为 $f_{CLK}≈1/1.1RC$。其典型应用参数为：R=10kΩ，C=150pF，f_{CLK}≈640kHz，转换速度为 100μ s 。若采用外部时钟，则外部 f_{CLK} 可从 CLKIN 端送入，此时不接 R、C。允许的时钟频率范围为 100k～1460kHz。

（5）$\overline{INTR}$（引脚 5）：$\overline{INTR}$ 是转换结束信号输出端，输出跳转为低电平表示本次转换已经完成，可作为微处理器的中断或查询信号。如果将 $\overline{CS}$ 和 $\overline{WR}$ 端与 $\overline{INTR}$ 端相连，则 ADC0804 就处于自动循环转换状态。$\overline{CS}$＝0 时，允许进行 A/D 转换。$\overline{WR}$ 由低跳高时 A/D 转换开始，8 位逐次比较需 8×8=64 个时钟周期，再加上控制逻辑操作，一次转换需要 66～73 个时钟周期。在典型应用 f_{CLK}＝640kHz 时，转换时间为 103～114μs。当 f_{CLK} 超过 640kHz，转换精度下降，超过极限值 1460kHz 时便不能正常工作。

（6）V_{IN}+（引脚 6）和 V_{IN}−（引脚 7）：被转换的电压信号从 V_{IN}+和 V_{IN}−输入，允许此信号是差动的或不供地的电压信号。如果输入电压 V_{IN} 的变化范围从 0V 到 V_{max}，则芯片的

V_{IN-}端接地，输入电压加到 V_{IN+}引脚。由于该芯片允许差动输入，在共模输入电压允许的情况下，输入电压范围可以从非 0V 开始，即 V_{min} 至 V_{mas}。此时芯片的 V_{IN-}端应该接入等于 V_{min} 的恒值电码上，而输入电压 V_{IN} 仍然加到 V_{IN+}引脚上。

（7）AGND（引脚 8）和 DGND（引脚 10）：A/D 转换器一般都有这两个引脚。模拟地 AGND 和数字地 DGND 分别设置引入端，使数字电路的地电流不影响模拟信号回路，以防止寄生耦合造成的干扰。

（8）$V_{REF}/2$（引脚 9）：参考电压 $V_{REF}/2$ 可以由外部电路供给从"$V_{REF}/2$"端直接送入，$V_{REF}/2$ 端电压值应是输入电压范围的二分之一，所以输入电压的范围可以通过调整 $V_{REF}/2$ 引脚处的电压加以改变，转换器的零点无调整。

2. ADC0804 与单片机的接口

图 7-2-8 所示为 ADC0804 与单片机的接口电路。

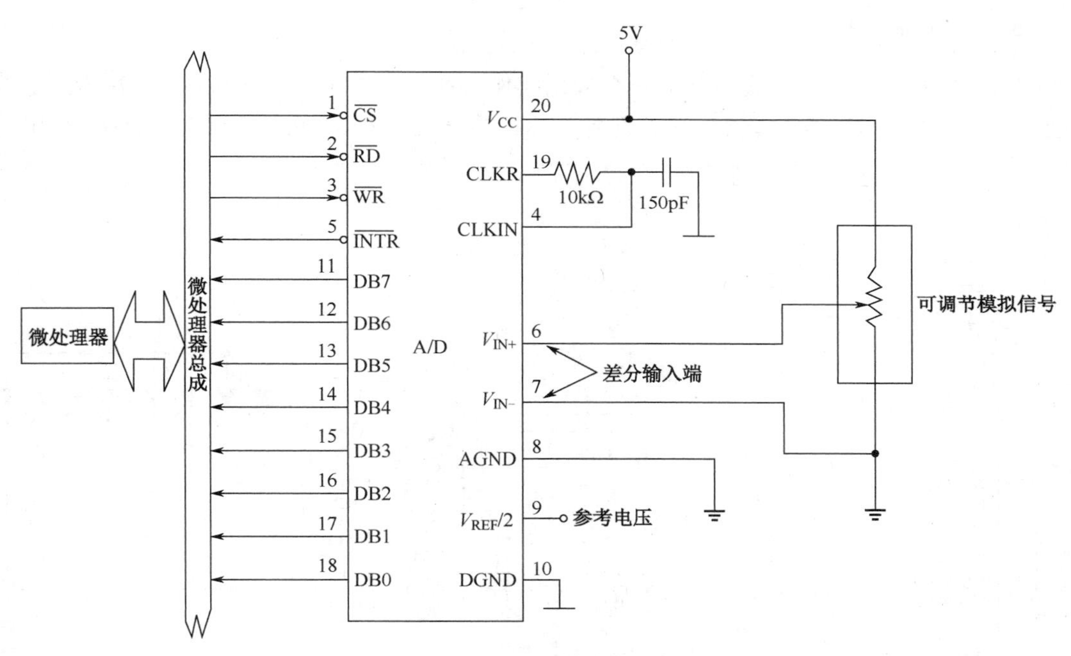

图 7-2-8　ADC0804 与单片机的接口电路

三、时序图

图 7-2-9 所示为 ADC0804 的工作时序图。由图可知，ADC0804 的 A/D 转换分 3 个阶段进行。

（1）准备阶段。在准备阶段，控制端和结束信号输出端（$\overline{INTR}$）都要置 1。

（2）转换阶段。$\overline{CS}$端有效（即置 0）后，一旦 $\overline{WR}$ 端也置 0，A/D 转换就开始了，100μs 后转换结束，$\overline{INTR}$ 端输出低电平。

（3）读取阶段。A/D 转换结束后，还要将转换好的数字信号输出，这个过程由 $\overline{RD}$ 端控制。由图 7-2-9 可知，当 $\overline{RD}$ 端置 0 时，就完成数据读出了。

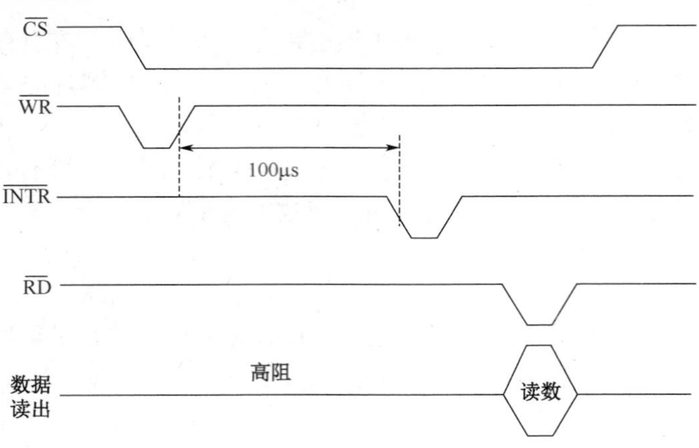

图 7-2-9　ADC0804 的工作时序图

四、电路原理图

图 7-2-10 为 A/D 转换电路的一个应用实例。在该电路中，ADC0804 的片选信号端（$\overline{CS}$）、$\overline{WR}$ 端、$\overline{RD}$ 端和 $\overline{INTR}$ 端分别受单片机的 P3.2、P3.6、P3.7 和 P3.3 控制，输出端

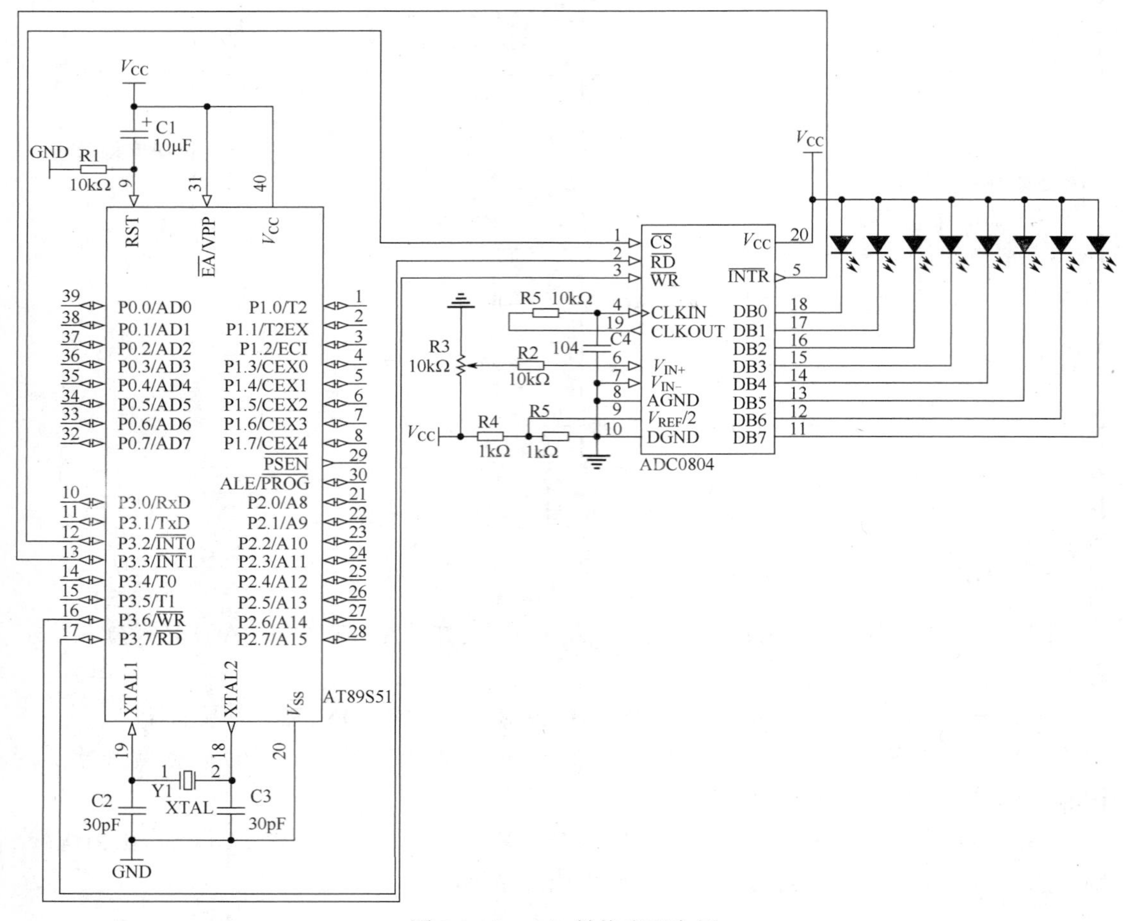

图 7-2-10　A/D 转换应用实例

接有 8 只 LED。随着电位器的转动，ADC0804 的输入电压值就会不断变化，由于不同的输入模拟量会产生相应的数字量，因此输出的数字信号也不断变化，8 只 LED 就会呈现渐变的效果。

五、编程流程图和参考程序

根据以上时序分析和图 7-2-8 所示的电路图，绘制编程流程图如图 7-2-11 所示。

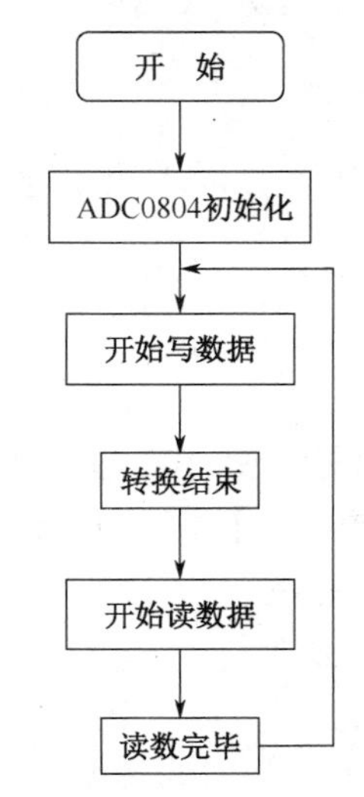

图 7-2-11 编程流程图

根据以上编程流程图，编写程序如下。

```
#include<reg51.h>
#define uchar unsigned char
#define uint unsigned int
sbit intr=P3^3;            //定义引脚功能
sbit cs=P3^2;              //使能端
sbit wr=P3^6;              //写端口
sbit rd=P3^7;              //读端口
void delay(uint z)
{
    uint x,y;
    for(x=z;x>0;x--)
        for(y=110;y>0;y--);
}
void main()
{
   init();                 // ADC0804初始化
   while(1)
   {
     cs=0;
     wr=0;
     wr=1;                 //启动ADC0804开始测电压(读数据)
     while(int1==1);       //查询等待A/D转换完毕产生的INT（低电平有效）信号
```

```
    rd=0;                    //开始读转换后数据
    Delay(10);
    rd=1;
    cs=1;                    //读数完毕
}
void init()
{
  rd=1;
  wr=1;
  intr=1;
}
```

项目检测

一、填空题

（1）________是实际转换特性曲线与理想直线特性之间的最大偏差。

（2）DAC 的绝对精度（简称精度）是指在整个刻度范围内，任一输入数码所对应的模拟量________与_______之间的最大误差。

（3）建立时间是指输入的数字量发生__________时，输出模拟信号达到满刻度值的±1/2LSB 所需的时间。

（4）DAC0832 以______形式输出，当需要转换为电压输出时，可外接运算放大器。

（5）所谓_____，就是按照一定的时间顺序给出信号就能得到你想要的数据。

（6）所谓 A/D 转换器就是将输入的________转换成________。

（7）ADC 的分辨率是指使输出数字量变化一个相邻数码所需输入________的变化量。

（8）量化误差是 ADC 的________对模拟量进行______而引起的误差。

（9）____________是指输入信号为零时，输出信号不为零的值，所以有时又称为零值误差。

（10）ADC 的转换速率是能够______________的速度，即每秒转换的次数。

（11）ADC0804 是用 CMOS 集成工艺制成的________型模数转换芯片。

二、简答题

逐次逼近式 ADC 的转换原理是什么？

项目八　制作温度显示器

项目目标

（1）能说出 1602 液晶模块的引脚功能，知道对 1602 写数据和写命令的格式，会编写 1602 的初始化程序，会设置 1602 液晶的显示地址。

（2）能看懂 DS18B20 的时序图，会写 DS18B20 的初始化程序和读写程序，知道驱动 DS18B20 的操作流程。

（3）会制作温度显示器。

项目内容

（1）让 1602 液晶显示器显示字符。

（2）驱动 DS18B20 芯片。

（3）让 LCD 显示当前温度。

项目进程

任务一　让 1602 液晶显示器显示字符

【任务情境】

在学校举行的技能操作竞赛中，祝某某获得一等奖，奖品是一个笔筒，笔筒实物图如图 8-1-1 所示。这个笔筒能显示时间和日期，小祝很好奇，就去探究笔筒能显示时间和日期的原因。

图 8-1-1　笔筒实物图

【任务描述】

制作液晶显示器，让 1602 液晶显示器显示字符。

【计划与实施】

一、写一写

1602 液晶模块有 16 个引脚，请写出各个引脚的功能，并填入表 8-1-1 中。

表 8-1-1 1602 液晶模块各个引脚的功能

引脚号	引脚名称	引脚功能
1	V_{SS}	
2	V_{DD}	
3	VO	
4	RS	
5	RW	
6	E	
7～14	D0～D7	
15	A	
16	K	

二、连一连

将单片机与 LCD1602 进行连接，如图 8-1-2 所示，使单片机能驱动液晶显示器。

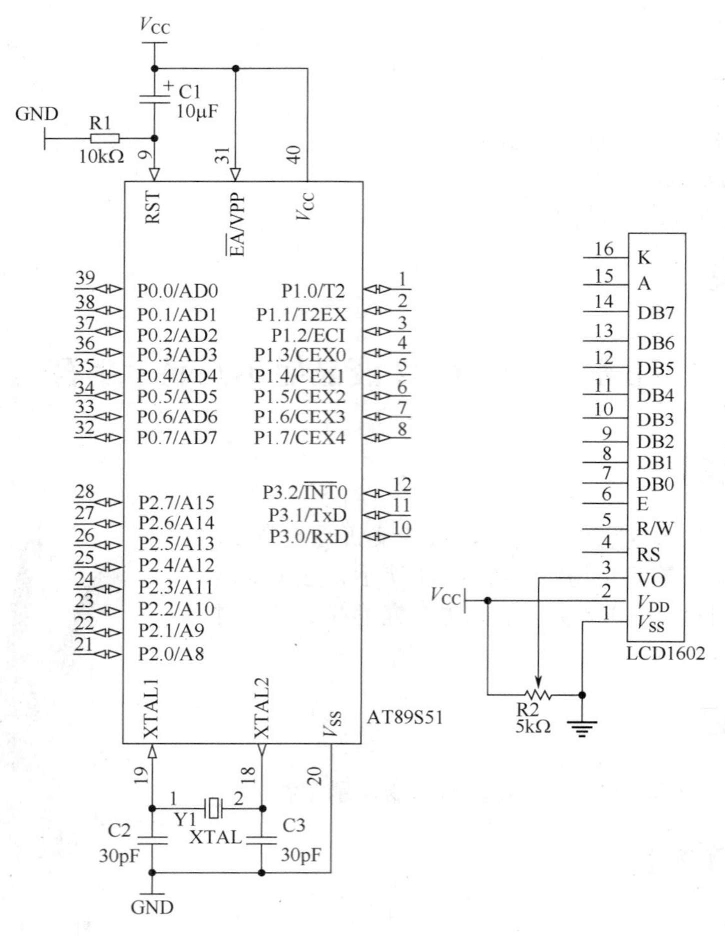

图 8-1-2 电路图

三、画一画

绘制单片机控制 1602 显示字符的编程流程图。

四、想一想

对 1602 液晶进行初始化时要进行哪些操作？

五、填一填

完成以下程序，实现让 1602 液晶上排显示字符：“good good study”，下排显示字符：“day day up”。

```
#include<reg51.h>
#define uint unsigned int
#define uchar unsigned char
sbit rs=_______;
sbit rw=______;
sbit en=______;
uchar code table1[]="good good study";
uchar code table2[]="  day day up  ";
void delay(unit n)
{
 uint x,y;
 for(x=n;x>0;x--)
   for(y=110;y>0;y--);
}
void lcd_w_com(uchar com)
{
 rs=____;
 rw=____;
 ____=com;
en=____;
delay(5);
 en=____;
delay(5);
 en=____;
}
void lcd_w_dat(uchar dat)
{
  rs=____;
  rw=____;
  ____=dat;
  delay(5);
  en=____;
delay(5);
  en=____;
 }
 void lcd_init()
```

```
{
 lcd_w_com(0x38);              //8位数据，双列，5×7字符图形
 lcd_w_com(____);              //开启显示屏，关光标，光标不闪烁
 lcd_w_com(____);              //显示地址递增，即写一个数据后，显示位置右移一位
 lcd_w_com(____);              //清屏
}
void main()
{
 uchar n,m=0;
 lcd_init();
 lcd_w_com(____);
 for(m=0;m<15;m++)
 {
  lcd_w_dat(table1[m]);
  delay(200);
 }
 lcd_w_com(________);
 for(n=0;n<14;n++)
 {
  lcd_w_dat(table2[n]);
  delay(200);
 }
 while(1);
}
```

六、调一调

在项目一制作的单片机最小应用系统的基础上制作本电路，编译、烧录程序，并将烧录程序的单片机安装到电路中，接通电源进行调试。

【练习与评价】

一、练一练

（1）若要向1602写入命令，则RS端和RW端需分别输入什么信号？要写入数据呢？

（2）1602液晶可以显示两行16个字，若要使显示的字符开始于上排第三位，则输入的数据为多少？

二、评一评

请回顾在本任务进程中你的收获和疑惑，并在表8-1-2中写出你的体会和评价。

表8-1-2　任务总结与评价表

内　容	你的收获	你的疑惑
获得知识		
掌握方法		
习得技能		

续表

<table>
<tr><td>学习体会</td><td colspan="2"></td></tr>
<tr><td rowspan="3">学习评价</td><td>自我评价</td><td></td></tr>
<tr><td>同学互评</td><td></td></tr>
<tr><td>老师寄语</td><td></td></tr>
</table>

【任务资讯】

一、1602 液晶显示器

1. 简介

图 8-1-3 所示为车载仪表盘，它上面的很多数据都是通过液晶显示器显示出来的。液晶显示器以其微功耗、体积小、显示内容丰富、超薄轻巧的诸多优点，在袖珍式仪表和低功耗应用系统中得到越来越广泛的应用。

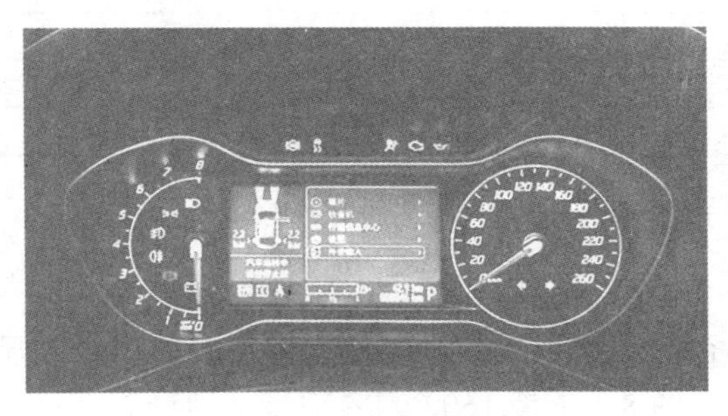

图 8-1-3　车载仪表盘

1602 液晶显示器是一种用 5×7 点阵图形来显示字符的字符型液晶显示器。根据显示的容量不同，字符型液晶模块可以分为一行 16 个字、两行 16 个字、两行 20 个字等，常用的 1602 液晶模块属于两行 16 个字的液晶显示器。其正面和背面的外形如图 8-1-4 和图 8-1-5 所示。

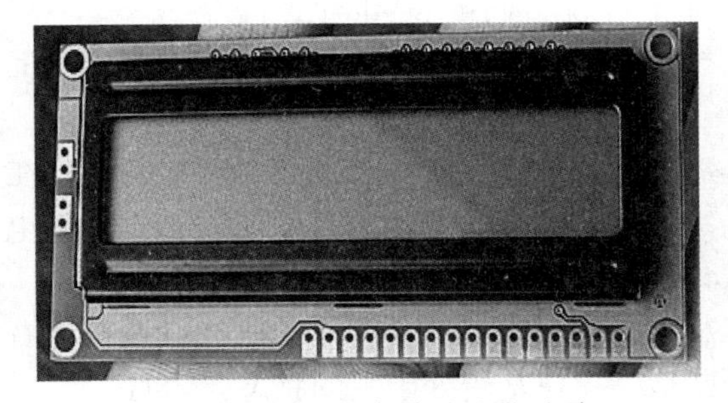

图 8-1-4　1602 液晶显示器正面

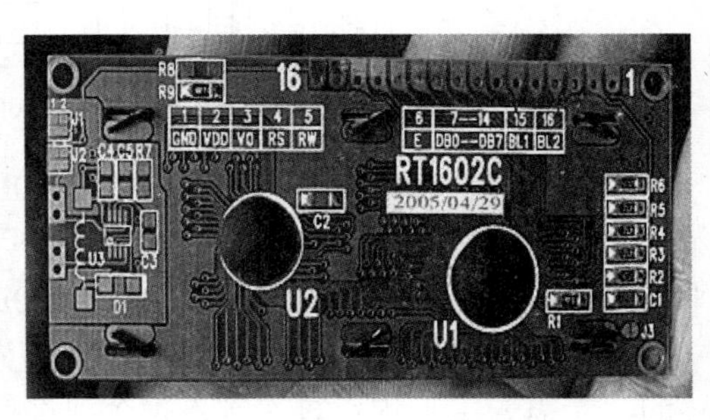

图 8-1-5　1602 液晶显示器背面

2. 引脚介绍

1602采用标准的16引脚接口，各引脚的名称和功能如图8-1-6和表8-1-3所示。

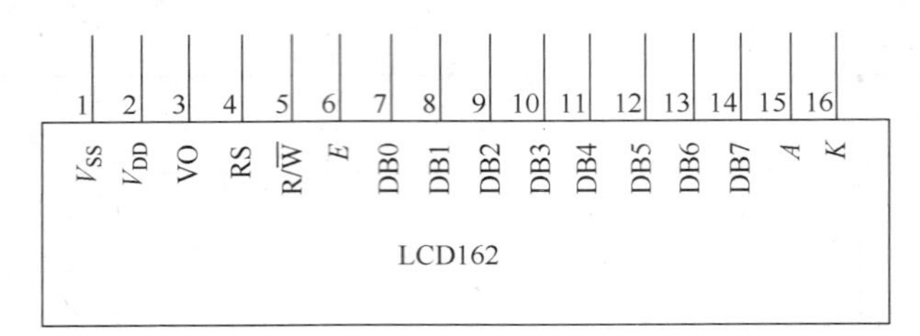

图8-1-6　1602液晶显示器各引脚名称

表8-1-3　1602液晶显示器各引脚名称和功能

引脚号	引脚名称	引脚功能含义
1	V_{SS}	地引脚（GND）
2	V_{DD}	+5V电源引脚（V_{CC}）
3	VO	液晶显示器对比度调整端，接正电源时对比度最弱，接地电源时对比度最高，对比度过高时会产生"鬼影"，使用时可以通过一个10kΩ的电位器调整对比度
4	RS	寄存器选择，高电平时选择数据寄存器、低电平时选择指令寄存器
5	RW	读写控制线，0：写操作；1：读操作
6	*E*	使能端，当*E*端由高电平跳变成低电平时，液晶模块执行命令
7～14	D0～D7	8位双向数据线
15	*A*	背光控制正电源
16	*K*	背光控制地

3. RAM地址映射及标准字库表

液晶显示模块是一个慢显示器件，所以在执行每条指令之前一定要确认模块的忙标志为低电平，表示不忙，否则此指令失效。要显示字符时要先输入显示字符地址，也就是告诉模块在哪里显示字符，图8-1-7是1602的内部显示地址。

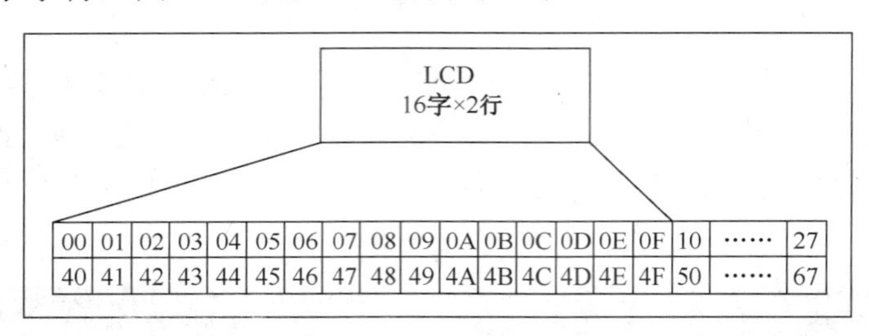

图8-1-7　1602的内部显示地址

例如，第二行第一个字符的地址是40H，那么是否直接写入40H就可以将光标定位在第二行第一个字符的位置呢？这样不行，因为写入显示地址时要求最高位D7恒定为高电平1所以实际写入的数据应该是01000000B（40H）+10000000B(80H)=11000000B(C0H)。

在对液晶模块的初始化中要先设置其显示模式，在液晶模块显示字符时光标是自动右移的，无需人工干预。每次输入指令前都要判断液晶模块是否处于忙的状态。

1602液晶模块内部的字符发生存储器（CGROM）已经存储了160个不同的点阵字符

图形，如表 8-1-4 所示，这些字符有阿拉伯数字、英文字母的大小写、常用的符号和日文假名等，每一个字符都有一个固定的代码，比如大写的英文字母“A”的代码是 01000001B（41H），显示时模块把地址 41H 中的点阵字符图形显示出来，我们就能看到字母“A”。

表 8-1-4　1602 存储的点阵字符图形

Uppsr 4 BIs / Lowol 4 BIs	0000	0001	0010	0011	0100	0101	0110	0111	1000	1001	1010	1011	1100	1101	1110	1111
××××0000	CG RAM (1)			0	@	P	`	p				ー	タ	ミ	α	p
××××0001	(2)		!	1	A	Q	a	q			。	ア	チ	ム	ä	q
××××0010	(3)		"	2	B	R	b	r			「	イ	ツ	メ	β	θ
××××0011	(4)		#	3	C	S	c	s			」	ウ	テ	モ	ε	∞
××××0100	(5)		$	4	D	T	d	t			、	エ	ト	ヤ	μ	Ω
××××0101	(6)		%	5	E	U	e	u			・	オ	ナ	ユ	σ	ü
××××0110	(7)		&	6	F	V	f	v			ヲ	カ	ニ	ヨ	ρ	Σ
××××0111	(8)		'	7	G	W	g	w			ァ	キ	ヌ	ラ	g	π
××××1000	(1)		(	8	H	X	h	x			ィ	ク	ネ	リ	√	x̄
××××1001	(2)		)	9	I	Y	i	y			ゥ	ケ	ノ	ル	⁻¹	y
××××1010	(3)		*	:	J	Z	j	z			ェ	コ	ハ	レ	j	千
××××1011	(4)		+	;	K	[	k	{			ォ	サ	ヒ	ロ	ˣ	万
××××1100	(5)		,	<	L	¥	l	|			ャ	シ	フ	ワ	¢	円
××××1101	(6)		-	=	M	]	m	}			ュ	ス	ヘ	ン	£	÷
××××1110	(7)		.	>	N	^	n	→			ョ	セ	ホ	゛	ñ	
××××1111	(8)		/	?	O	_	o	←			ッ	ソ	マ	゜	ö	█

4. 控制指令

1602 液晶模块内部的控制器共有 11 条控制指令，如表 8-1-5 所示。

表 8-1-5　1602 液晶模块内部的控制指令

序　号	指　令	RS	R/W	D7	D6	D5	D4	D3	D2	D1	D0
1	清显示	0	0	0	0	0	0	0	0	0	1
2	光标返回	0	0	0	0	0	0	0	0	1	*
3	置输入模式	0	0	0	0	0	0	0	1	I/D	S
4	显示开/关控制	0	0	0	0	0	0	1	D	C	B

续表

<table>
<tr><th>序　号</th><th>指　　令</th><th>RS</th><th>R/W</th><th>D7</th><th>D6</th><th>D5</th><th>D4</th><th>D3</th><th>D2</th><th>D1</th><th>D0</th></tr>
<tr><td>5</td><td>光标或字符移位</td><td>0</td><td>0</td><td>0</td><td>0</td><td>0</td><td>1</td><td>S/C</td><td>R/L</td><td>*</td><td>*</td></tr>
<tr><td>6</td><td>置功能</td><td>0</td><td>0</td><td>0</td><td>0</td><td>1</td><td>DL</td><td>N</td><td>F</td><td>*</td><td>*</td></tr>
<tr><td>7</td><td>置字符发生存储器地址</td><td>0</td><td>0</td><td>0</td><td>1</td><td colspan="6">字符发生存储器地址</td></tr>
<tr><td>8</td><td>置数据存储器地址</td><td>0</td><td>0</td><td>1</td><td colspan="7">显示数据存储器地址</td></tr>
<tr><td>9</td><td>读忙标志或地址</td><td>0</td><td>1</td><td>BF</td><td colspan="7">计数器地址</td></tr>
<tr><td>10</td><td>写数到 CGRAM 或 DDRAM）</td><td>1</td><td>0</td><td colspan="8">要写的数据内容</td></tr>
<tr><td>11</td><td>从 CGRAM 或 DDRAM 读数</td><td>1</td><td>1</td><td colspan="8">读出的数据内容</td></tr>
</table>

它的读写操作、屏幕和光标的操作都是通过指令编程来实现的（说明：1 为高电平、0 为低电平）。

各指令说明如下。

（1）指令 1：清除显示，指令码 01H，光标复位到地址 00H 位置。

（2）指令 2：光标复位，光标返回到地址 00H。

（3）指令 3：光标和显示模式设置 I/D：光标移动方向，高电平右移，低电平左移 S：屏幕上所有文字是否左移或者右移。高电平表示有效，低电平则无效。

（4）指令 4：显示开关控制。D：控制整体显示的开与关，高电平表示开显示，低电平表示关显示；C：控制光标的开与关，高电平表示有光标，低电平表示无光标；B：控制光标是否闪烁，高电平闪烁，低电平不闪烁。

（5）指令 5：光标或显示移位 S/C：高电平时移动显示的文字，低电平时移动光标。

（6）指令 6：功能设置命令 DL：高电平时为 4 位总线，低电平时为 8 位总线；N：低电平时为单行显示，高电平时双行显示；F：低电平时显示 5×7 的点阵字符图形，高电平时显示 5×10 的点阵字符图形（有些模块是 DL：高电平时为 8 位总线，低电平时为 4 位总线）。

（7）指令 7：字符发生器 RAM 地址设置。

（8）指令 8：DDRAM 地址设置。

（9）指令 9：读忙信号和光标地址。BF：为忙标志位，高电平表示忙，此时模块不能接收命令或者数据，如果为低电平表示不忙。

（10）指令 10：写数据。

（11）指令 11：读数据。

二、电路图

1602 液晶显示模块可以和单片机 AT89S51 直接相连，电路如图 8-1-8 所示。

三、时序图

LCD1602 读、写操作时序图如图 8-1-9 和图 8-1-10 所示。

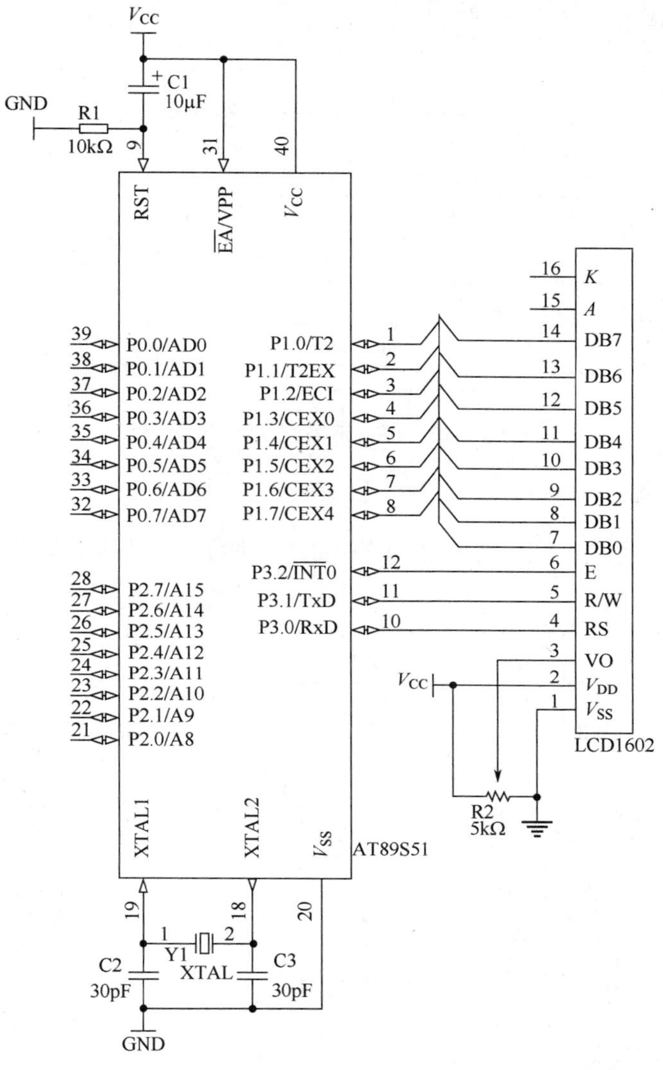

图 8-1-8　单片机驱动液晶电路

1. 读操作时序图

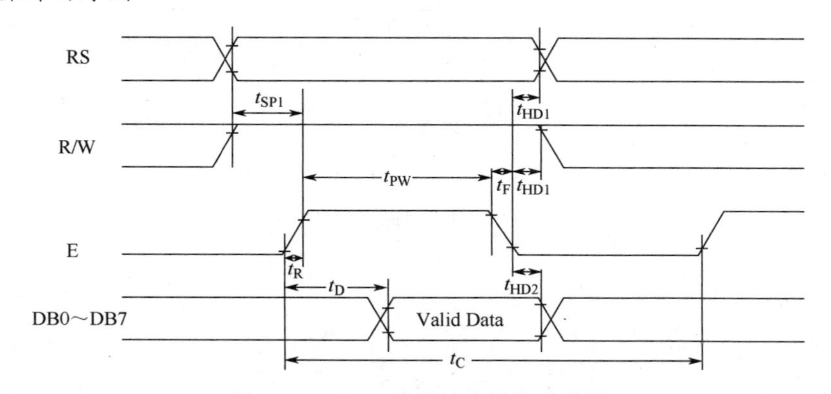

图 8-1-9　1602 液晶的读操作时序图

2. 写操作时序图

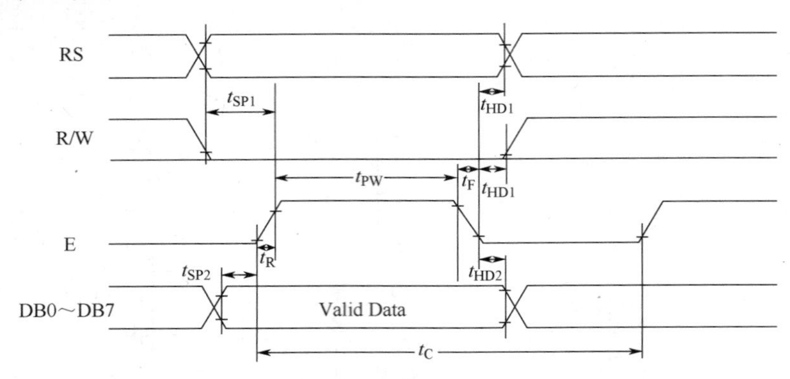

图 8-1-10　1602 液晶的写操作时序图

四、编程流程图

图 8-1-11 分别提供了单片机驱动 LCD1602 的主程序流程图、写数据流程图和写命令流程图。

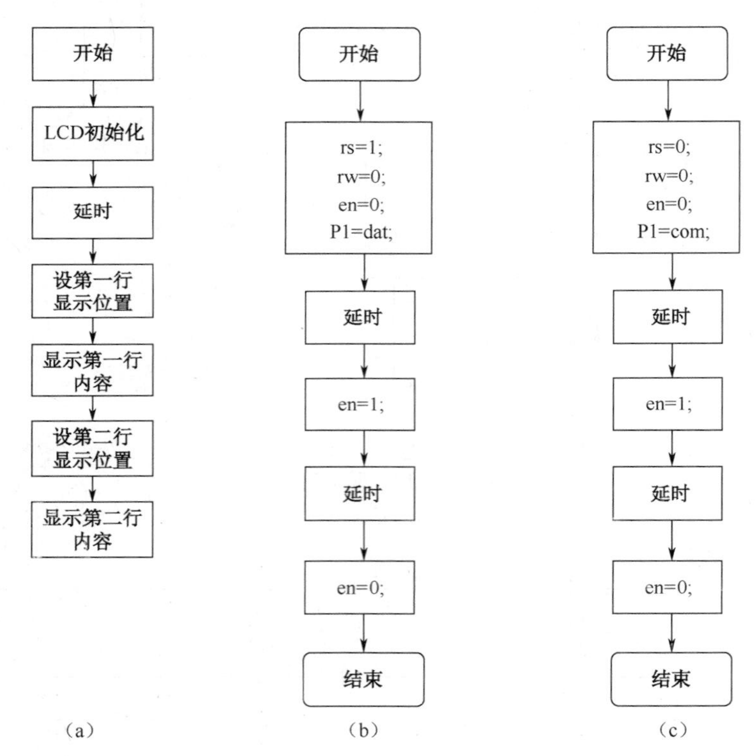

图 8-1-11　编程流程图

五、参考程序

根据图 8-1-8 所示的电路连接方式，编写以下程序。

```
#include<reg51.h>
#define uint unsigned int
```

```
#define uchar unsigned char
sbit rs=P3^0;                             //1602的数据/指令选择控制线
sbit rw=P3^1;                             //1602的读写控制线
sbit en=P3^2;                             //1602的使能控制线
uchar code table1[]="good good study";    //要显示的内容1放入数组table1
uchar code table2[]="  day day up  ";     //要显示的内容2放入数组table2
void delay(uint n)                        //延时函数
{
 uint x,y;
 for(x=n;x>0;x--)
   for(y=110;y>0;y--);
}
void lcd_busy_wait() /*LCD1602 忙等待*/
{
    rs = 0;
    rw = 1;
    en = 1;
    P1 = 0xff;
    while (P1&0x80);
    en = 0;
}
void lcd_w_com(uchar com)          //1602写命令函数
{
 lcd_busy_wait();
 rs=0;                             //选择指令寄存器
 rw=0;                             //选择写
 P1=com;                           //把命令字送入P1
en=0;
delay(5);                          //延时一小会儿，让1602准备接收数据
 en=1;                             //使能线电平变化，命令送入1602的8位数据口
delay(5);
 en=0;
}
void lcd_w_dat(uchar dat)          //1602写数据函数
{
 lcd_busy_wait();
  rs=1;                            //选择数据寄存器
  rw=0;                            //选择写
  P1=dat;                          //把要显示的数据送入P1
  delay(5);                        //延时一小会儿，让1602准备接收数据
  en=1;                            //使能线电平变化，数据送入1602的8位数据口
delay(5);
  en=0;
}
void lcd_init()                    //1602初始化函数
{
 lcd_w_com(0x38);                  //8位数据，双列，5×7字符图形
```

```
  lcd_w_com(0x08);                    //显示关闭
  lcd_w_com(0x0c);                    //开启显示屏，关光标，光标不闪烁
  lcd_w_com(0x06);                    //显示地址递增，即写一个数据后，显示位置右移一位
  lcd_w_com(0x01);                    //清屏
 }
void main()                           //主函数
{
  uchar n,m=0;
  lcd_init();                         //液晶初始化
  lcd_w_com(0x80);                    //显示地址设为80H（即00H，）上排第一位
  for(m=0;m<15;m++)                   //将table1[]中的数据依次写入1602显示
  {
   lcd_w_dat(table1[m]);
   delay(200);
  }
  lcd_w_com(0x80+0x41);               //重新设定显示地址为0xc4,即下排第二位
  for(n=0;n<14;n++)                   //将table2[]中的数据依次写入1602显示
  {
   lcd_w_dat(table2[n]);
   delay(200);
  }
  while(1);
}
```

任务二　驱动 DS18B20 芯片

【任务情境】

祝某某同学想自己制作一个笔筒，除了可以显示时间和日期以外，还可以显示当前的温度。要显示准确的温度，电路中必定有一个感温元件，这个元件是如何检测温度的？又如何才能将采集的温度转换为数据显示在液晶屏幕上呢？

【任务描述】

制作 DS18B20 驱动电路，驱动 DS18B20 芯片采集温度数据。

【计划与实施】

一、连一连

连线并添加适当元器件，完成图 8-2-1 所示单片机驱动 DS18B20 的电路图。

二、练一练

写出以下运算的表达式（对变量 dat 进行操作）。

（1）右移 1 位：＿＿＿＿＿＿＿＿。

（2）与 0x01 进行“与”运算：＿＿＿＿＿＿。

（3）与 0x80 进行“或”运算：＿＿＿＿＿＿。

（4）左移 8 位：＿＿＿＿＿＿＿＿。

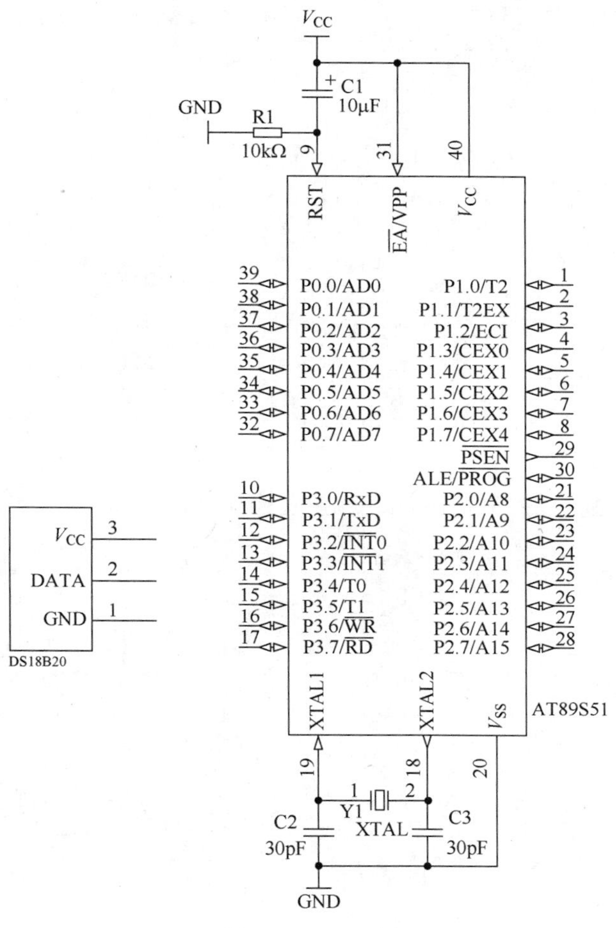

图 8-2-1　电路图

三、画一画

绘制单片机驱动 DS18B20 的编程流程图。

四、填一填

1. 初始化函数

```
void Init_DS18B20(void)
{
    DQ = ____;
    delay(80);
    DQ = ____;
    delay(14);
```

```
}
```

2. 读一个字节

```
ucahr ReadOneChar(void)
{
    unsigned char i=0;
    unsigned char dat = 0;
    for (i=8;i>0;i--)
      {
       DQ = ____;
       _________;
       DQ = ____;
       if(DQ)
       _________;
       delay(4);
      }
    return(dat);
}
```

3. 写一个字节

```
void WriteOneChar(unsigned char dat)
{
    unsigned char i=0;
    for (i=8; i>0; i--)
      {
       DQ =____;
       DQ = ________;
       delay(5);
       DQ = ____;
       ___________;
      }
}
```

4. 读取温度数据

```
uint ReadTemperature(void)
{
    unsigned char a=0;
    unsigned char b=0;
    unsigned int t=0;
    float tt=0;
    ___________;
    WriteOneChar(_____);
    WriteOneChar(_____);
    ___________;
    WriteOneChar(_____);
    WriteOneChar(_____);
    a=____________;
    b=____________;
```

```
        t=b;
        t<<=8;
        t=t|a;
        tt=t*0.0625;
        t= tt*10+0.5;
        return(t);
    }
```

五、调一调

在项目一制作的单片机最小应用系统的基础上制作本电路，编译、烧录程序，并将烧录程序的单片机安装到电路中，接通电源进行调试。

【练习与评价】

一、练一练

（1）__________是指能感受温度并转换成可用输出信号的传感器。

（2）DS18B20 采用的是________协议方式，即在一根数据线实现数据的______传输。

（3）由时序图可知，复位就是由控制器（单片机）给 DS18B20 单总线至少_________的低电平信号；当 DS18B20 接到此复位信号后则会在___________后回发一个芯片的存在脉冲。

（4）若要读出当前的温度数据我们需要执行______工作周期，第一个周期为复位、跳过 ROM 指令、执行________存储器操作指令、等待 500μs 温度转换时间。紧接着执行第二个周期为复位、跳过 ROM 指令、执行______的存储器操作指令、读数据。

（5）说出以下运算的意义。

① dat=dat&0x01；

② dat|=0x80。

二、评一评

请回顾在本任务进程中你的收获和疑惑，并在表 8-2-1 中写出你的体会和评价。

表 8-2-1 任务总结与评价表

内　容		你的收获	你的疑惑
获得知识			
掌握方法			
习得技能			
学习体会			
学习评价	自我评价		
	同学互评		
	老师寄语		

【任务资讯】

一、温度传感器简介

温度传感器（Temperature Transducer）是指能感受温度并转换成可用输出信号的传感器。温度传感器是温度测量仪表的核心部分，品种繁多。温度传感器是最早开发、应用最广的一类传感器。温度传感器的市场份额大大超过了其他的传感器。在半导体技术的支持下，本世纪相继开发了半导体热电偶传感器、PN 结温度传感器和集成温度传感器。与之相应，根据波与物质的相互作用规律，相继开发了声学温度传感器、红外传感器和微波传感器。温度传感器是五花八门的各种传感器中最为常用的一种，现代的温度传感器外形非常小，这样更加让它广泛应用在生产实践的各个领域中，也为人们的生活提供了无数的便利和功能。温度传感器有 4 种主要类型：热电偶、热敏电阻、电阻温度检测器（RTD）和 IC 温度传感器。

温度传感器的种类众多，在应用于高精度、高可靠性的场合时 DALLAS（达拉斯）公司生产的 DS18B20 温度传感器当仁不让，如图 8-2-2 所示。DS18B20 的电压范围为 3.0～5.5V，无需备用电源，测量温度范围为-55～+125℃，测量精度为±0.5℃。它的优点是体积小、硬件开销低、抗干扰能力强、精度高、附加功能强。对于初学者来说，DS18B20 的优势更是学习单片机技术和开发温度相关的小产品的不二选择。

图 8-2-3 所示为 DS18B20 的引脚图，1 脚为接地端，2 脚为数字信号输入/输出端，3 脚为外接供电电源输入端。

图 8-2-2　DS18B20 外形图

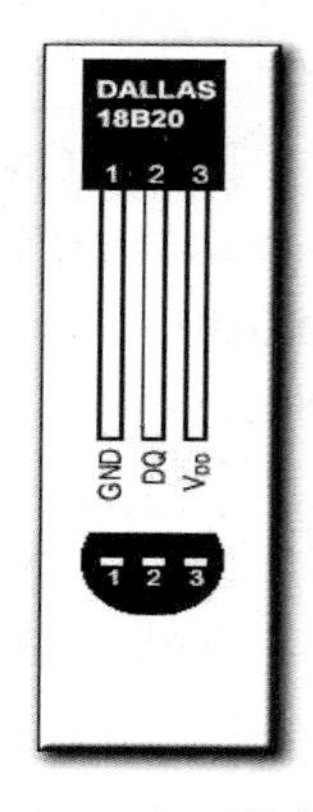

图 8-2-3　DS18B20 引脚图

DS18B20 的温度检测与数字数据输出全集成于一个芯片之上，从而抗干扰力更强。其中一个工作周期可分为两个部分，即温度检测和数据处理。在讲解其工作流程之前我们有必要了解 DS18B20 的内部存储器资源。DS18B20 共有 3 种形态的存储器资源，它们分别是：ROM（只读存储器），用于存放 DS18B20ID 编码，其前 8 位是单线系列编码（DS18B20 的编码是 19H），后面 48 位是芯片唯一的序列号，最后 8 位是以上 56 的位的 CRC 码（冗余校验）。数据在出厂时设置不由用户更改。DS18B20 共 64 位 ROM。RAM（数据暂存器），用于内部计算和数据存取，数据在掉电后丢失，DS18B20 共 9 个字节 RAM，每个字节为 8 位。第 1、2 个字节是温度转换后的数据值信息，第 3、4 个字节是用户 EEPROM（常用于温度报警值储存）的镜像。在上电复位时其值将被刷新。第 5 个字节则是用户第 3 个

EEPROM 的镜像。第 6、7、8 个字节为计数寄存器，是为了让用户得到更高的温度分辨率而设计的，同样也是内部温度转换、计算的暂存单元。第 9 个字节为前 8 个字节的 CRC 码。EEPROM 非易失性记忆体，用于存放长期需要保存的数据，上下限温度报警值和校验数据，DS18B20 共 3 位 EEPROM，并在 RAM 都存在镜像，以方便用户操作。

二、驱动 DS18B20 的操作流程

1. 复位（初始化）

首先对 DS18B20 芯片进行复位，时序图如图 8-2-4（a）所示，复位就是由控制器（单片机）给 DS18B20 单总线至少 480μs 的低电平信号。当 DS18B20 接到此复位信号后则会在 15～60μs 后回发一个芯片的存在脉冲。

2. 存在脉冲

在复位电平结束之后，控制器应该将数据单总线拉高，以便于在 15～60μs 后接收存在脉冲，存在脉冲为一个 60～240μs 的低电平信号。至此，通信双方已经达成了基本的协议，接下来将会是控制器与 DS18B20 间的数据通信。如果复位低电平的时间不足或是单总线的电路断路都不会接到存在脉冲，在设计时要注意意外情况的处理。

初始化程序举例如下。

```
void Init_DS18B20(void)
{
    DQ = 0;              //单片机将DQ拉低
    delay(80);           //精确延时大于480us
    DQ = 1;              //拉高总线
    delay(14);
}
```

3. 控制器发送 ROM 指令

ROM 指令共有 5 条，每一个工作周期只能发一条，如表 8-2-2 所示。ROM 指令为 8 位长度，功能是对片内的 64 位光刻 ROM 进行操作。其主要目的是为了分辨一条总线上挂接的多个器件并作处理。诚然，单总线上可以同时挂接多个器件，并通过每个器件上所独有的 ID 号来区别，一般只挂接单个 D518B20 芯片时可以跳过 ROM 指令（注意：此处指的跳过 ROM 指令并非不发送 ROM 指令，而是用特有的一条“跳过指令”）。

表 8-2-2　控制器发送 ROM 指令

指令名称	指令代码	指令功能
读 ROM	33H	读 DS18B20ROM 中的编码（即读 64 位地址）
ROM 匹配（符合 ROM）	55H	发出此命令之后，接着发出 64 位 ROM 编码，访问单总线上与编码相对应 DS18B20 使之作出响应，为下一步对该 DS18B20 的读写作准备
搜索 ROM	0F0H	用于确定挂接在同一总线上 DS18B20 的个数和识别 64 位 ROM 地址，为操作各器件做好准备
跳过 ROM	OCCH	忽略 64 位 ROM 地址，直接向 DS18B20 发温度变换命令
警报搜索	0ECH	该指令执行后，只有温度超过设定值上限或下限的片子才做出响应

4. 控制器发送存储器操作指令

在 ROM 指令发送给 DS18B20 之后，紧接着（不间断）就是发送存储器操作指令。操作指令同样为 8 位，共 6 条，如表 8-2-3 所示。存储器操作指令的功能是命令 DS18B20 作什么样的工作，是芯片控制的关键。

表 8-2-3　控制器发送存储器操作指令

指令名称	指令代码	指令功能
温度变换	44H	启动 DS18B20 进行温度转换，转换时间最长为 500ms（典型为 200ms），结果存入内部 9 字节 RAM 中
读暂存器	0BEH	读内部 RAM 中 9 字节的内容
写暂存器	4EH	发出向内部 RAM 的第 3、4 字节写上下限温度数据命令，紧跟该命令之后，是传送两字节的数据
复制暂存器	48H	将 RAM 中第 3、4 字节的内容复制到 EEPROM 中
重调 EEPROM	0B8H	EEPROM 中的内容恢复到 RAM 中的第 3，4 字节
读供电方式	0B4H	读 DS18B20 的供电模式，寄生供电时 DS18B20 发送“0”，外接电源供电 DS18B20 发送“1”

5. 执行或数据读写

一个存储器操作指令结束后则将进行指令执行或数据的读写，这个操作要视存储器操作指令而定。例如执行温度转换指令则控制器（单片机）必须等待 DS18B20 执行其指令，一般转换时间为 500μs。例如执行数据读写指令则需要严格遵循 DS18B20 的读写时序来操作。若要读出当前的温度数据我们需要执行两次工作周期，第一个周期为复位，跳过 ROM 指令，执行温度转换存储器操作指令，等待 500μs 温度转换时间。紧接着执行第二个周期为复位，跳过 ROM 指令，执行读 RAM 的存储器操作指令，读数据（最多为 9 个字节，中途可停止，只读简单温度值则读前两个字节即可）。

程序举例如下。

```
Init_DS18B20();            //复位
WriteOneChar(0xCC);        //控制器发送ROM指令，跳过读序号列号的操作
WriteOneChar(0x44);        //控制器发送存储器操作指令，启动温度转换
Init_DS18B20();            //复位
WriteOneChar(0xCC);        //跳过读序号列号的操作
WriteOneChar(0xBE);        //读取温度寄存器数据
a=ReadOneChar();
b=ReadOneChar();           //读两个字节
```

三、读、写操作

由于 DS18B20 采用的是单总线协议方式，即在一根数据线实现数据的双向传输，而对 AT89S51 单片机来说，硬件上并不支持单总线协议，因此，我们必须采取软件的方法来模拟单总线的协议时序来完成对 DS18B20 芯片的访问。

由于 DS18B20 是在一根 I/O 线上读写数据，因此对读写的数据位有着严格的时序要求。DS18B20 有严格的通信协议来保证各位数据传输的正确性和完整性。该协议定义了 3 种信号的时序：初始化时序、读时序和写时序。所有时序都是将主机作为主设备，单总

线器件作为从设备。而每一次命令和数据的传输都是从主机主动启动写时序开始，如果要求单总线器件回送数据，在进行写命令后，主机需启动读时序完成数据接收。数据和命令的传输都是低位在先。

（1）写时序为写“0”和写“1”，时序图如图 8-2-4（b）所示。在写数据时间隙的前 15μs 总线需要是被控制器拉置低电平，而后则将是芯片对总线数据的采样时间，采样时间在 15～60μs，采样时间内如果控制器将总线拉高则表示写“1”，如果控制器将总线拉低则表示写“0”。每一位的发送都应该有一个至少 15μs 的低电平起始位，随后的数据“0”或“1”应该在 45μs 内完成。整个位的发送时间应该保持在 60～120μs，否则不能保证通信的正常。

写一个字节的程序举例如下。

```
void WriteOneChar(unsigned char dat)
{
    unsigned char i=0;
    for (i=8; i>0; i--)
{
        DQ = 0;
        DQ = dat&0x01;//写数据的最低位
        delay(5);
        DQ = 1;
        dat>>=1;//右移一位
      }
}
```

（2）读时序控制的采样时间应该更加的精确才行，时序图如图 8-2-4（c）所示。读时间隙时也是必须先由主机产生至少 1μs 的低电平，表示读时间的起始。随后在总线被释放后的 15μs 中 DS18B20 会发送内部数据位，这时如果发现总线为高电平表示读出“1”，如果总线为低电平则表示读出数据“0”。每一位的读取之前都由控制器加一个起始信号。必须在读间隙开始的 15μs 内读取数据位才可以保证通信的正确。

读一个字节的程序举例如下。

```
uchar ReadOneChar(void)
{
    unsigned char i=0;
    unsigned char dat = 0;
    for (i=8;i>0;i--)
      {
          DQ = 0;               //给脉冲信号
          dat>>=1;              //右移一位
          DQ = 1;               //给脉冲信号
          if(DQ)
          dat|=0x80;            //如果DQ=1，则dat的高位补1，否则高位补0
          delay(4);
      }
    return(dat);}
```

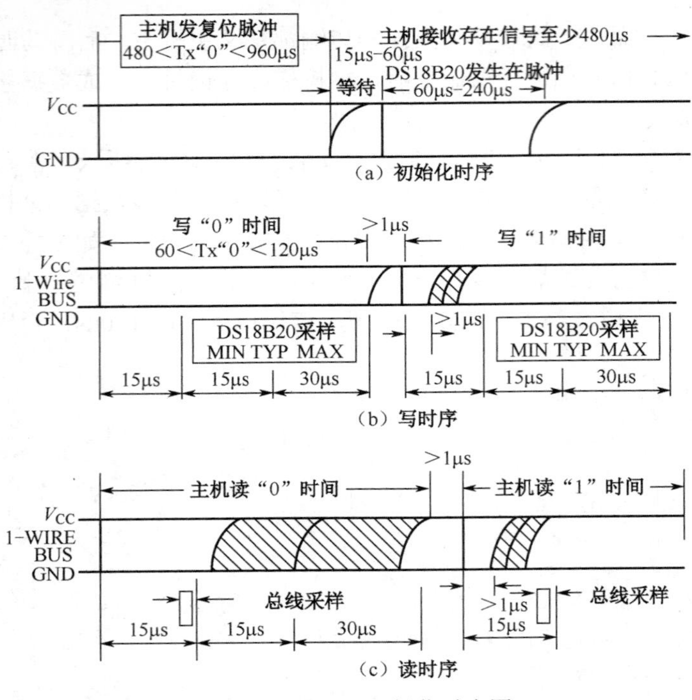

图 8-2-4　DS18B20 操作时序图

四、电路图

单片机驱动 DS18B20 的电路如图 8-2-5 所示。在该电路中，DS18B20 的数字信号输入/输出端（DATA）与单片机的 P3.5 脚相连，单片机将通过该 I/O 口向 DS18B20 输送指令，DS18B20 也将检测到的温度数据通过该 I/O 口发送到单片机中，R2 为 4.7kΩ 的上拉电阻。

五、参考程序

参考程序如下。

```
#include <reg51.h>
#define uint unsigned int
#define uchar unsigned char
sbit DQ =P3^5;         //定义DS18B20通信端口
//延时函数1
void delay1(uint i)
{
   while(i--);
}
//延时函数2
void delay2(uint ms)
{
   uint i,j;
   for (j=0;j<ms;j++)
      for (i=0;i<120;i++);
}
```

```
//初始化函数
void Init_DS18B20(void)
{
    DQ = 0;                     //单片机将DQ拉低
    delay(80);                  //精确延时 大于 480μs
    DQ = 1;                     //拉高总线
    delay(14);
}
//读一个字节
uchar ReadOneChar(void)
{
    unsigned char i=0;
    unsigned char dat = 0;
    for (i=8;i>0;i--)
{
        DQ = 0;                 //给脉冲信号
        dat>>=1;                //右移一位
        DQ = 1;                 //给脉冲信号
        if(DQ)
        dat|=0x80; 如果DQ=1，则dat的高位补1，否则高位补0
        delay(4);
       }
    return(dat);
}

//写一个字节
void WriteOneChar(unsigned char dat)
{
    unsigned char i=0;
    for (i=8; i>0; i--)
        {
        DQ = 0;
        DQ = dat&0x01;          //写数据的最低位
        delay(5);
        DQ = 1;
        dat>>=1;右移一位
        }
}

//读取温度
uint ReadTemperature(void)
{
    float tt;
    uint temp;                  //16位整型
    unsigned char a=0;          //8位字符型
    unsigned char b=0;          //8位字符型
    Init_DS18B20();             //复位
```

```
    delay(1);                  //等待1ms，接收存在脉冲
    WriteOneChar(0xCC);        //控制器发送ROM指令，跳过读序号列号的操作
    WriteOneChar(0x44);        //控制器发送存储器操作指令，启动温度转换
    Init_DS18B20();
    delay(1);                  //等待1ms，接收存在脉冲
    WriteOneChar(0xCC);        //跳过读序号列号的操作
    WriteOneChar(0xBE);        //读取温度寄存器数据
    a=ReadOneChar();           //读温度值的低字节
    b=ReadOneChar();           //读温度值的高字节
    temp=b;
    temp<<=8;                  //左移8位，低8位变为0，为下一步将a合成做准备
    temp=temp|a;               //两字节合成一个整型变量
    tt=temp*0.0625;
    temp=tt*10+0.5;            //放大10倍输出并四舍五入
    return temp;               //返回温度值
}
```

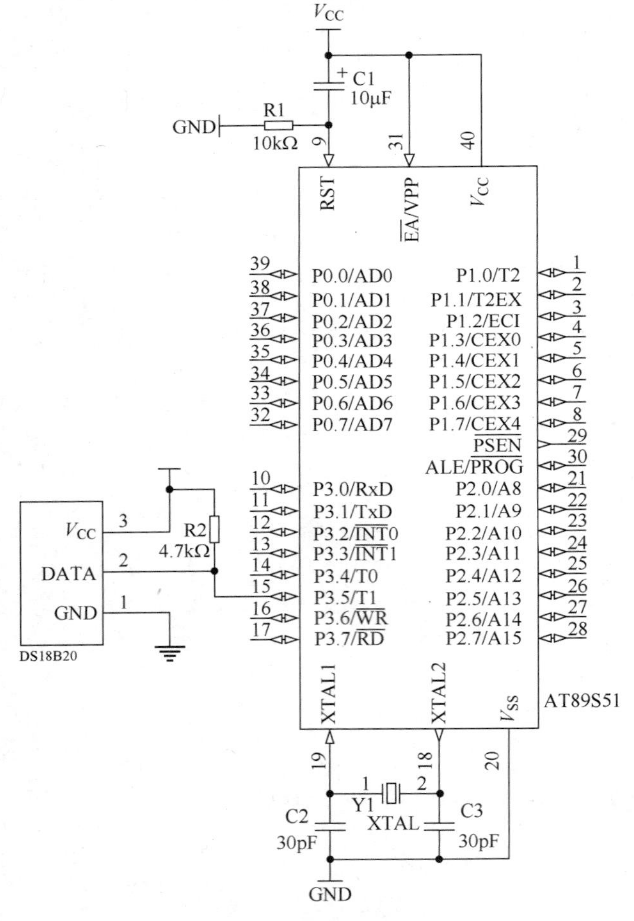

图 8-2-5　单片机驱动 DS18B20 电路

任务三　让 LCD 显示当前温度

【任务情境】

功夫不负有心人，小祝最终对 DS18B20 芯片有了比较全面的了解，也学会了如何驱动这块芯片。这离完成他梦寐以求的温度显示器制作任务还有多远呢？

【任务描述】

使用 1602 液晶和 DS18B20 温度芯片制作温度显示器。

【计划与实施】

一、连一连

连接图 8-3-1 所示电路，并添加适当的元器件，使之组成一个完整的温度显示器。

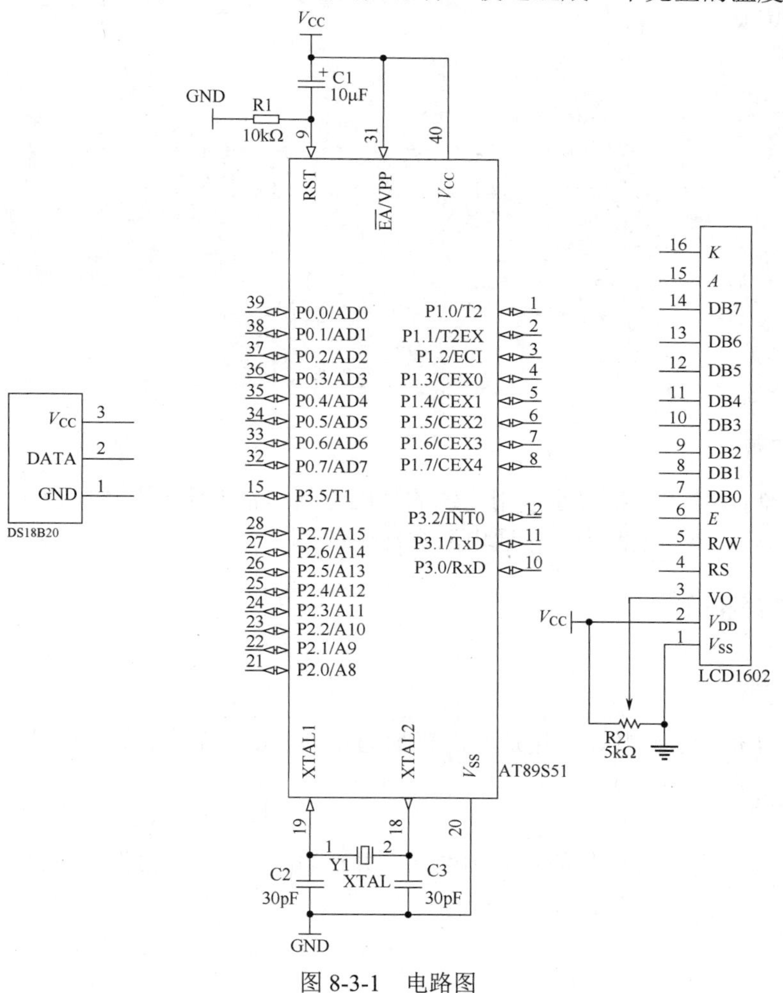

图 8-3-1　电路图

二、画一画

绘制使用 1602 液晶显示温度的编程流程图。

三、填一填

已知当前温度“ReadTemperature()”为 3 位十进制数，填写以下程序，实现将当前温度显示在 LCD 的上排，显示格式为“Temp:**.*℃”。

```
#include<reg51.h>
unsigned char code mun_char_table[]={"0123456789abcdef"};
unsigned char code temp_table[] ={"Temp:  .  ℃"};
main()
{
    unsigned int i=0;
    ________________;
    __________;
    lcd_w_com(______);
    for (i=0;_______;i++) lcd_w_dat(temp_table[i]);
    while(1)
        {
        i=__________________;
        lcd_w_com(0x80+_______);
        lcd_w_dat(mun_char_table[______]);  /*显示温度的十位*/
        lcd_w_com(0x80+_______);
        lcd_w_dat(mun_char_table[_________]);/*显示温度的个位*/
        lcd_w_com(0x80+_______);
        lcd_w_dat(mun_char_table[______]);   /*显示小数点后第一位*/
        delay_1ms(100);
        }
}
```

四、调一调

在项目一制作的单片机最小应用系统的基础上制作本电路，编译、烧录程序，并将烧录程序的单片机安装到电路中，接通电源进行调试。

【练习与评价】

一、练一练

已知 i 为 4 位十进制数，试用适当的算术运算符表示其千位、百位、十位和个位。

二、评一评

请回顾在本任务进程中你的收获和疑惑，并在表 8-3-1 中写出你的体会和评价。

表 8-3-1　任务总结与评价表

内　　容	你的收获	你的疑惑
获得知识		
掌握方法		
习得技能		
学习体会		
学习评价	自我评价	
	同学互评	
	老师寄语	

【任务资讯】

一、电路图

图 8-3-2 所示为温度显示器电路。在该电路中，DS18B20 将采集的温度数据输入单片机的 P3.5 口，再通过 P1 口将温度数据传送给液晶显示器。

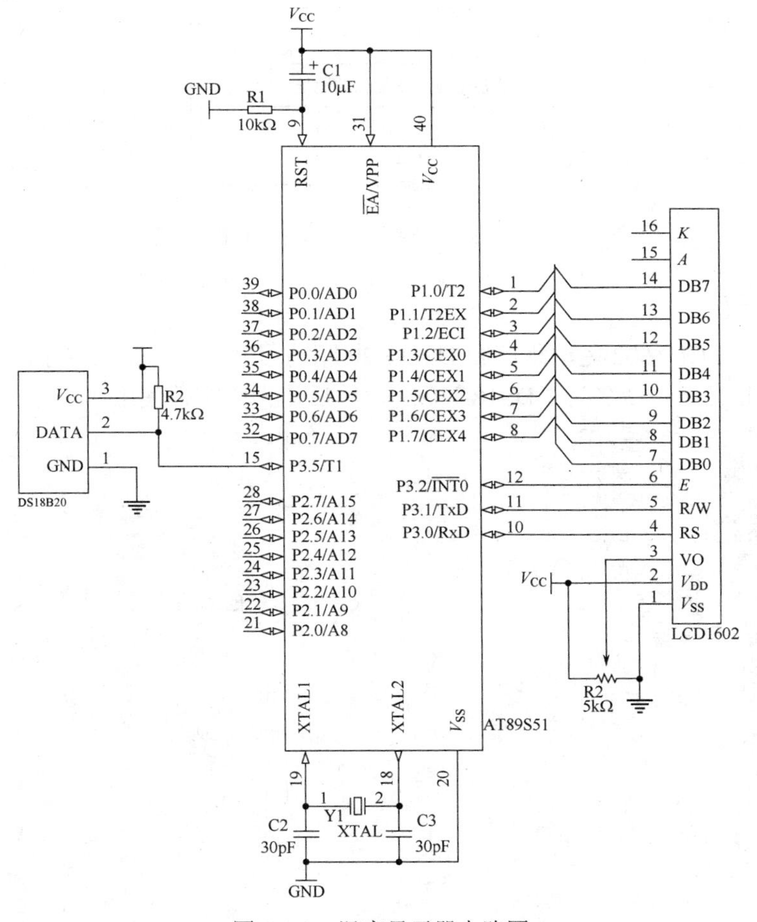

图 8-3-2　温度显示器电路图

二、编程流程图

如图 8-3-3 所示为温度显示器的编程流程图。

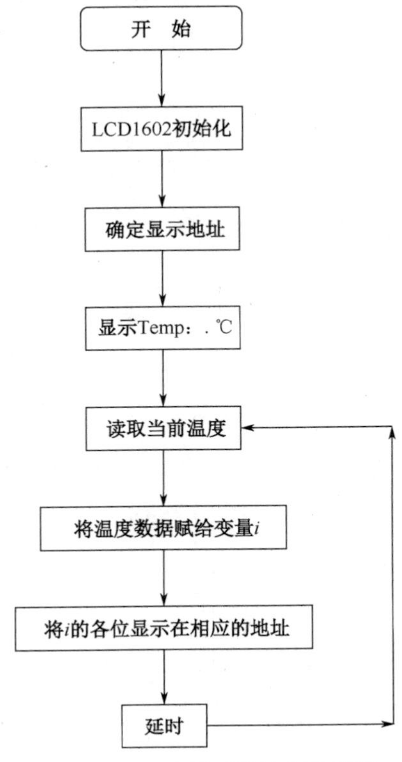

图 8-3-3　温度显示器编程流程图

三、参考程序

本程序包含 LCD1602 驱动程序和 DS18B20 驱动程序，为了简化程序，将 DS18B20 驱动程序另存为 h 文件，命名为“DS18B20.h”，然后作为头文件使用。

```
#include <reg51.h>
#include <intrins.h>
#include"DS18B20.h"
#define uchar unsigned char
#define uint unsigned int
sbit rs = P3^0;                 /*定义LCD1602控制端口*/
sbit rw = P3^1;
sbit en = P3^2;
/以下是LCD1602驱动程序/
void delay_1ms (uchar ms)       /*1ms为单位的延时程序*/
{
    uchar j;
    while(ms--){
        for(j=0;j<125;j++)
            {;}
```

```
        }
}
void lcd_busy_wait()          /*LCD1602 忙等待*/
{
    rs = 0;
    rw = 1;
    en = 1;
    P1 = 0xff;
    while (P1&0x80);
    en = 0;
}
void lcd_w_com(uchar com)         /*LCD1602 命令字写入*/
{
    lcd_busy_wait();
    rs = 0;
    rw = 0;
    en = 0;
    P1 = com;
    en = 1;
    en = 0;
}
void lcd_init()                   /*LCD1602 初始化*/
{
lcd_w_com(0x38);
lcd_w_com(0x08);
    lcd_w_com(0x01);
    lcd_w_com(0x06);
    lcd_w_com(0x0c);
}
void lcd_w_dat(dat)               /*LCD1602 字符写入*/
{
    lcd_busy_wait();
    rs = 1;
    rw = 0;
    en = 0;
    P1 = dat;
    en = 1;
    en = 0;
}
/以上是LCD1602驱动程序/
/*定义数字ascii编码*/
uchar code mun_char_table[]={"0123456789abcdef"};
uchar code temp_table[] ={"Temp:  . ℃"};
main()
{
    unsigned int i=0;
    lcd_init(); /*LCD1602 初始化*/
```

```
        lcd_w_com(0x80);
        for (i=0;i<12;i++) lcd_w_dat(temp_table[i]);
        while(1)
          {
           i=ReadTemperature();                    //读取当前温度
           lcd_w_com(0x80+0x05);
           lcd_w_dat(mun_char_table[i/100]);       /*上排第6位显示温度的十位*/
           lcd_w_com(0x80+0x06);
           lcd_w_dat(mun_char_table[i%100/10]);    /*上排第7位显示温度的个位*/
           lcd_w_com(0x80+0x08);
           lcd_w_dat(mun_char_table[i%10]);        /*上排第9位显示小数位*/
           delay_1ms(100);
          }
    }
```

项目检测

一、填空题

（1）液晶显示模块是一个___________，所以在执行每条指令之前一定要确认模块的忙标志为低电平，表示不忙，否则此指令失效。

（2）要显示字符时要先输入___________，也就是告诉模块在哪里显示字符。

（3）在对液晶模块的初始化中要先设置其________，在液晶模块显示字符时光标是自动右移的，无需人工干预。

（4）对 DS18B20 芯片进行复位就是由控制器（单片机）给 DS18B20 单总线至少_____的低电平信号。

（5）在复位电平结束之后，控制器应该将数据单总线_____，以便于在 15～60μs 后接收______________。

（6）由于 DS18B20 是在_________上读写数据，因此，对读写的数据位有着严格的时序要求。

二、语句解释（5～9 题为单片机向 1602 液晶写指令的语句）

（1）dat>>=1。

（2）dat|=0x80。

（3）DQ = dat&0x01。

（4）temp=temp|a。

（5）lcd_w_com(0x38)。

（6）lcd_w_com(0x08)。

（7）lcd_w_com(0x0c)。

（8）lcd_w_com(0x06)。

（9）lcd_w_com(0x01)。

项目九　单片机综合实训

项目内容

（1）制作模拟电子琴。
（2）制作数码管电子钟。
（3）制作温度报警器。

项目进程

实训任务一　制作模拟电子琴

一、实训目的

（1）熟悉矩阵键盘的安装、接线。
（2）熟悉蜂鸣器的控制电路的安装与制作。
（3）掌握按键控制蜂鸣器发声的程序设计。
（4）掌握对该电路整机的调试和故障排除。

二、实训电路与工作原理

1．模拟电子琴电路

模拟电子琴电路如图 9-1-1 所示。

2．工作原理

在图 9-1-1 电路中，使用按键开关组成 4×4 矩阵键盘，16 个按键（K0～K15）做为模拟电子琴的琴键。单片机的输出端（P0.0）接蜂鸣器，图中 Q1 为 PNP 型三极管，起到开关的作用。编写程序，使每个按键按下都能输出一定频率的波形，从而使蜂鸣器发出不同音调的声音。

三、实训设备和工具

1．电路制作和调试工具

直流可调稳压电源、示波器、数字式万用表、电烙铁。

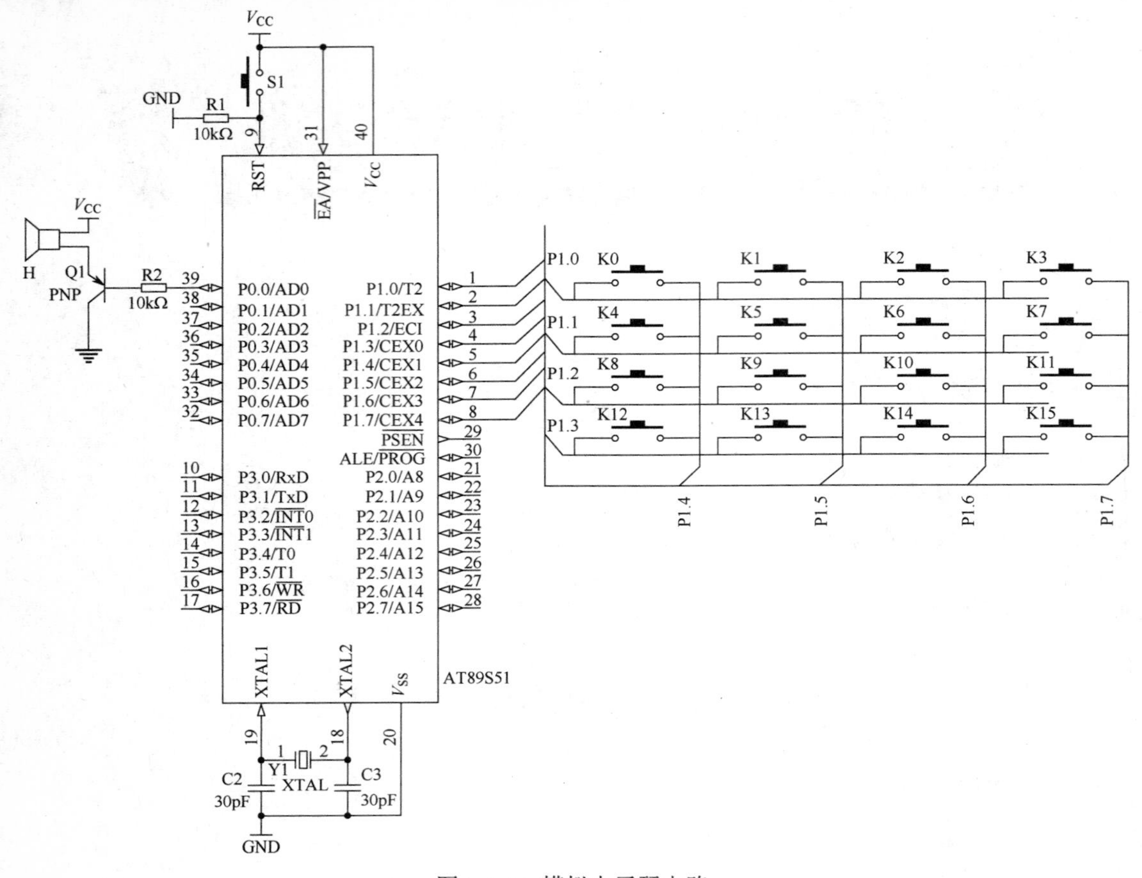

图 9-1-1　模拟电子琴电路

2. 编程设备

带有 KEIL 和 PROGISP 软件的计算机，如 AT89S51 编程器。

3. 元器件清单

元器件清单表如表 9-1-1 所示。

表 9-1-1　元器件清单表

序号	元器件名称	说明	序号	元器件名称	说明
1	电阻器 R1	阻值为 2kΩ	7	单片机芯片	AT89S51 芯片及插座
2	电容器 C1	可选用 18～33pF 的瓷片电容器	8	万用板	也可用 PCB 板
3	电容器 C2	同 C1	9	蜂鸣器 H	无源蜂鸣器
4	电容器 C3	可选用 20～30μF 的电解电容器	10	电阻 R2	阻值为 10kΩ
5	晶振 X1	中心频率为 12MHz 的直插式石英晶体振荡器	11	三极管 Q1	PNP 型三极管
6	复位开关 S1	不带自锁的按钮开关	12	开关 K0～K15	不带自锁的按钮开关

四、实训内容与实训步骤

（1）按图 9-1-1 所示完成电路安装。

（2）编写程序。

（3）将程序烧录单片机。

（4）将单片机安装到电路板上，接上电源，先按下开关 S1 进行复位，再按矩阵键盘的各个按键，用示波器观察 P0.0 口的输出电压波形。并将 K0～K2 这 3 个按键所对应的波形记录在表 9-1-2 中。

表 9-1-2　单片机输出电压波形

	K0 对应的波形	K1 对应的波形	K2 对应的波形
电压波形			

五、实训注意事项

（1）实训前必须充分理解实训电路的工作原理，便于寻找故障。

（2）在开始使用直流稳压电源时，要将输出电压调至最低，待接好线后，再逐步将电压增至规定值。

（3）示波器探头的公共端与示波器机壳及插头的接地端是相通的。测量时，容易产生事故，特别在电力电子线路中，更是危险，因此示波器的插座应经隔离变压器供电，否则应将示波器插头的接地端除去。

（4）要学会双踪示波器的使用，掌握辉度、聚焦、X 轴位移、Y 轴位移、同步、幅值[Y 轴电压灵敏度（V/div）]及扫描时间[即 X 轴每格所代表的时间（μs/div 或 ms/div）]等旋钮的使用和识别。

（5）在连接和改接连线时必须在关闭总电源情况下进行。

（6）对 9012 的 PNP 型三极管的引脚不能认错。

六、实训报告要求

（1）写出程序并画出流程图。

（2）将相关波形填入表 9-1-2 中。

（3）写出电路调试和程序修改过程。

七、参考程序

参考程序如下。

```
#include <reg51.h>
sbit beep=P0^0;
```

```
#define uint unsigned int
#define uchar unsigned char
uchar num,nn,hang,high,low;
uint tabledu[]={64021,64103,64260,64400,64524,64580,64684,
           64777,64820,64898,64968,65030,65058,65110,65157,65178};
display(uchar);
void delay(uchar x)
{
    uint a,b;
    for(a=x;a>0;a--)
        for(b=10;b>0;b--);
}
void main()
{
    EA=1;
    TMOD=0x10;
    ET1=1;
    while(1)
    {
    P1=0xf7;
    hang=P1;
    hang=hang&0xf0;
    if(hang!=0xf0)
    {
    delay(50);
        if(hang!=0xf0)
        {
        switch(hang)
        {
            case 0xe0:num=0;
            break;
            case 0xd0:num=1;
            break;
            case 0xb0:num=2;
            break;
            case 0x70:num=3;
            break;
        }
        beep=~beep;
        high=tabledu[num]/256;
        low=tabledu[num]%256;
        TR1=1;
        hang=hang&0xf0;
        while(hang!=0xf0)
        {
         hang=P1;
         hang=hang&0xf0;
```

```
        }
         TR1=0;
        }
    }
    P1=0xfb;
    hang=P1;
    hang=hang&0xf0;
    if(hang!=0xf0)
    {
    delay(50);
        if(hang!=0xf0)
        {
        switch(hang)
        {
            case 0xe0:num=4;
            break;
            case 0xd0:num=5;
            break;
            case 0xb0:num=6;
            break;
            case 0x70:num=7;
            break;
        }
        high=tabledu[num]/256;
        low=tabledu[num]%256;
        TR1=1;
        hang=hang&0xf0;
        while(hang!=0xf0)
        {
         hang=P1;
         hang=hang&0xf0;
        }
         TR1=0;
        }
    }
    P1=0xfd;
    hang=P1;
    hang=hang&0xf0;
    if(hang!=0xf0)
    {
    delay(50);
        if(hang!=0xf0)
        {
        switch(hang)
        {
            case 0xe0:num=8;
            break;
```

```
            case 0xd0:num=9;
            break;
            case 0xb0:num=10;
            break;
            case 0x70:num=11;
            break;
        }
        beep=~beep;
        high=tabledu[num]/256;
        low=tabledu[num]%256;
        TR1=1;
        hang=hang&0xf0;
        while(hang!=0xf0)
        {
         hang=P1;
         hang=hang&0xf0;
        }
         TR1=0;
        }
    }
    P1=0xfe;
    hang=P1;
    hang=hang&0xf0;
    if(hang!=0xf0)
    {
    delay(50);
        if(hang!=0xf0)
        {
        switch(hang)
        {
            case 0xe0:num=12;
            break;
            case 0xd0:num=13;
            break;
            case 0xb0:num=14;
            break;
            case 0x70:num=15;
            break;
        }
        beep=~beep;
        high=tabledu[num]/256;
        low=tabledu[num]%256;
        TR1=1;
        hang=hang&0xf0;
        while(hang!=0xf0)
        {
         hang=P1;
```

```
            hang=hang&0xf0;
           }
            TR1=0;
           }
       }
       }
}
void time1() interrupt 3 using 3
{
  TH1=high;
  TL1=low;
  beep=~beep;
}
```

实训任务二　制作数码管电子钟

一、实训目的

（1）掌握采用动态扫描方式时多个数码管的连接方法。
（2）掌握时间校准按钮的安装与连线。
（3）掌握数码管电子钟的程序设计。
（4）掌握对该电路整机的调试和故障排除。

二、实训电路与工作原理

1. 数码管电子钟电路

数码管电子钟电路如图 9-2-1 所示。

2. 工作原理

在图 9-2-1 电路中，6 个数码管的同名端连在一起，由 P0 口提供段选信号，位选信号由 P3.0～P3.5 六位输出。使用单片机内部的定时器产生秒脉冲，驱动 6 个数码管显示小时、分钟和秒，key1、key2、keystart 3 个按键可以对时、分、秒进行校准。

三、实训设备和工具

1. 电路制作和调试工具

直流可调稳压电源、数字式万用表、电烙铁。

2. 编程设备

带有 KEIL 和 PROGISP 软件的计算机，如 AT89S51 编程器。

3. 元器件清单

元器件清单表如表 9-2-1 所示。

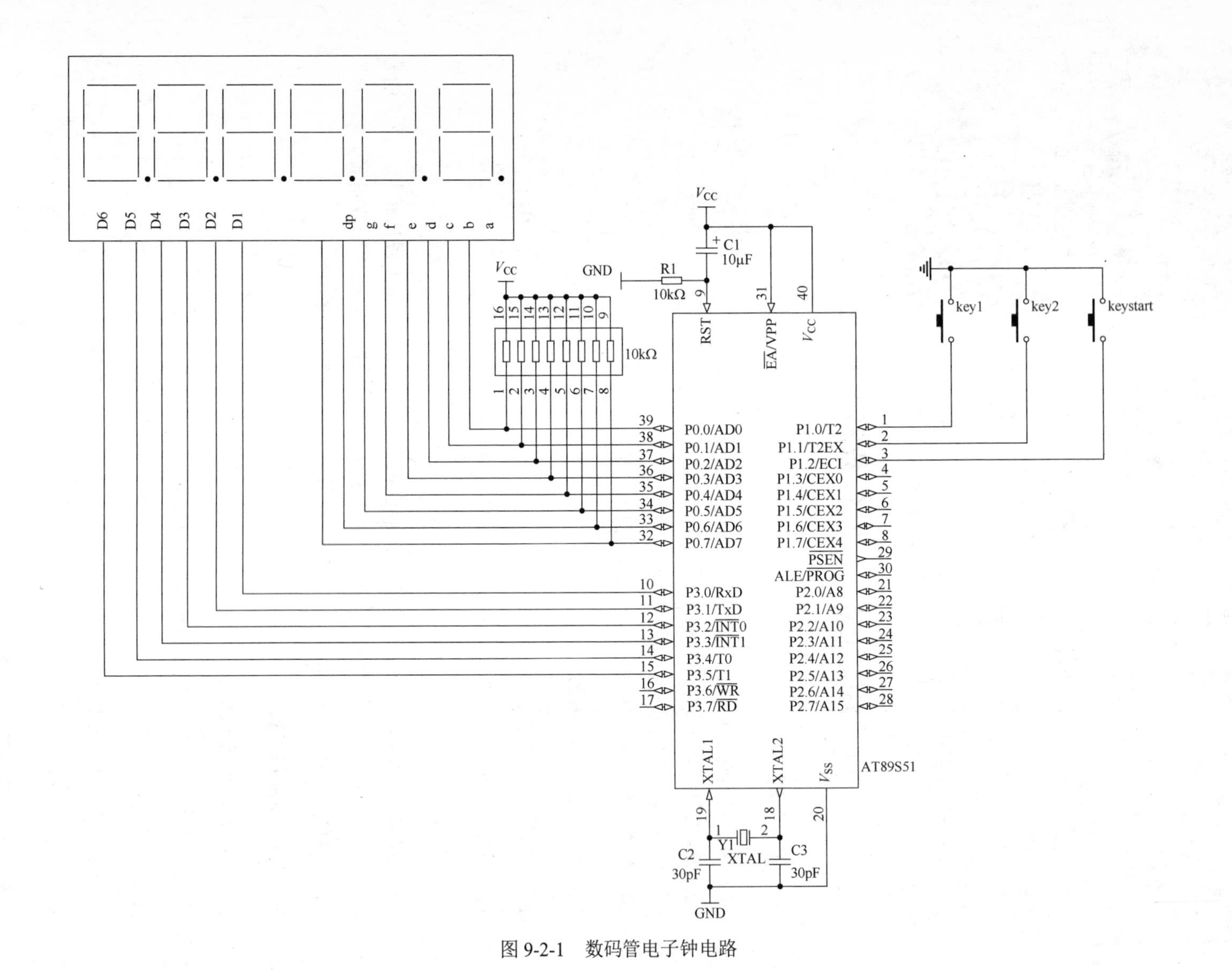

图 9-2-1 数码管电子钟电路

表 9-2-1　元器件清单表

序号	元器件名称	说明	序号	元器件名称	说明
1	电阻器 R1	阻值为 2kΩ	6	开关 key1、key2、keystart	不带自锁的按键开关
2	电容器 C1	可选用 18～33pF 的瓷片电容器	7	单片机芯片	AT89S51 芯片及插座
3	电容器 C2	同 C1	8	万用板	也可用 PCB 板
4	电容器 C3	可选用 20～30μF 的电解电容器	9	数码管	6 位数码管
5	晶振 X1	中心频率为 12MHz 的直插式石英晶体振荡器	10	排阻	10 个 10kΩ 的排阻

四、实训内容与实训步骤

（1）按图 9-2-1 所示完成电路安装。

（2）编写程序。

（3）将程序烧录单片机。

（4）将单片机安装到电路板上，接上电源，观察数码管的工作状态，根据现象调试程序和电路。

（5）按键调试。先按下 key1 和 key2，观察是否有数字发生变化，再按下 keystart，观察校准的位置是否发生变化。如果无法正确校准，根据具体现象调试程序和电路。

五、实训注意事项

（1）实训前必须充分理解实训电路的工作原理，便于寻找故障。

（2）在开始使用直流稳压电源时，要将输出电压调至最低，待接好线后，再逐步将电压增至规定值。

（3）如果有 6 位数码管，可以根据原理图直接连线。如果没有，则需注意将分立的 6 个数码管的同名端接在一起（如所有的数码管的 a 段要接在一起），然后接单片机的段选位。

（4）使用数码管之前，一定要搞清楚它的公共端是什么，即共阴极还是共阳极，公共端不同，单片机驱动的程序也有所不同。

（5）本实训接线较多，接线应仔细，避免出错。

（6）在连接和改接连线时必须在关闭总电源情况下进行。

六、实训报告要求

（1）写出程序并画出编程流程图。

（2）叙述动态扫描的工作原理。

（3）写出电路调试和程序修改过程。

（4）写出本电子钟电路需要改进的地方。

七、参考程序

参考程序如下。

```
#include <reg51.h>
#include <intrins.h>
#define uint unsigned int
#define uchar unsigned char
sbit key1=P1^0;
sbit key2=P1^1;
sbit keystart=P1^2;
uchar table1[]={0xc0,0xf9,0xa4,0xb0,0x99,0x92,0x82,0xf8,0x80,0x90,
   0x88,0x83,0xc6,0xa1,0x86,0x8e};
uchar table2[]={0xfe,0xfd,0xfb,0xf7,0xef,0xdf};
uint t;
uchar second,minite,hour,mod;
void delay(uchar i)
{
  uchar a,b;
  for(a=i;a>0;a--)
      for(b=10;b>0;b--);
}
bit start()
 {
 if(keystart==0)
        {
          delay(10);
          if(keystart==0)
             {
               while(~keystart);
               mod++;
               if(mod==4)mod=0;
               return 1;
              }
        }
}
void display(uchar x,y,z)
{
  P3=table2[5];
  P0=table1[x%10];
  delay(50);
  P3=table2[4];
  P0=table1[x/10];
  delay(50);
  P3=table2[3];
  P0=table1[y%10];
  delay(50);
  P3=table2[2];
  P0=table1[y/10];
  delay(50);
  P3=table2[1];
  P0=table1[z%10];
```

```
    delay(50);
    P3=table2[0];
    P0=table1[z/10];
    delay(50);
  }
  void main()
  {
    EA=1;
    ET1=1;
    TMOD=0x10;
    TH1=(65536-50000)/256;
    TL1=(65536-50000)%256;
    TR1=1;
    while(1)
    {
    start();
    if(mod==1)
    {
    if(key1==0)
      {
         delay(100);
         if(key1==0)
             {
               second++;
               if(second==60)
               {
                second=0;
               }
               while(key1==0);
             }
        }
        if(key2==0)
        {
         delay(100);
         if(key2==0)
             {
               second--;
               if(second==0)
               {
                second=60;
                }
                while(key2==0);
             }
        }
    }
    if(mod==2)
    {
```

```
  if(key1==0)
      {
       delay(10);
          if(key1==0)
          {
            minite++;
            if(minite==60)
             {
                minite=0;
             }
            while(key1==0);
          }
      }
      if(key2==0)
      {
       delay(10);
          if(key2==0)
         {
            if(minite==0)
             {
                minite=60;
             }
            minite--;
            while(key2==0);
          }
      }
 }
 if(mod==3)
 {
  if(key1==0)
      {
        delay(10);
        if(key1==0)
          {
          hour++;
          if(hour==24)
            {hour=0;}
          while(key1==0);
         }
      }
      if(key2==0)
      {
        delay(10);
        if(key2==0)
          {
          if(hour==0)
            {hour=24;}
          hour--;
          while(key2==0);
```

```
            }
        }
    }
  display(second,minite,hour);
  }
}
void time1() interrupt 3 using 3
{
  t++;
  if(t==20)
      {
        t=0;
       second++;
       if(second==60)
           {
             second=0;
             minite++;
             if(minite==60)
               {
                   minite=0;
                   hour++;
                   if(hour==24)
                   {hour=0;}
               }
           }
      }

  TH1=(65536-50000)/256;
  TL1=(65536-50000)%256;
}
```

实训任务三　制作温度报警器

一、实训目的

（1）掌握使用温度传感器DS18B20进行温度采集的编程方法。

（2）掌握声音报警电路的安装与连线。

（3）掌握温度传感器DS18B20的安装与连线。

（4）掌握对该电路整机的调试和故障排除。

二、实训电路与工作原理

1. 温度报警器电路

温度报警器电路如图9-3-1所示。

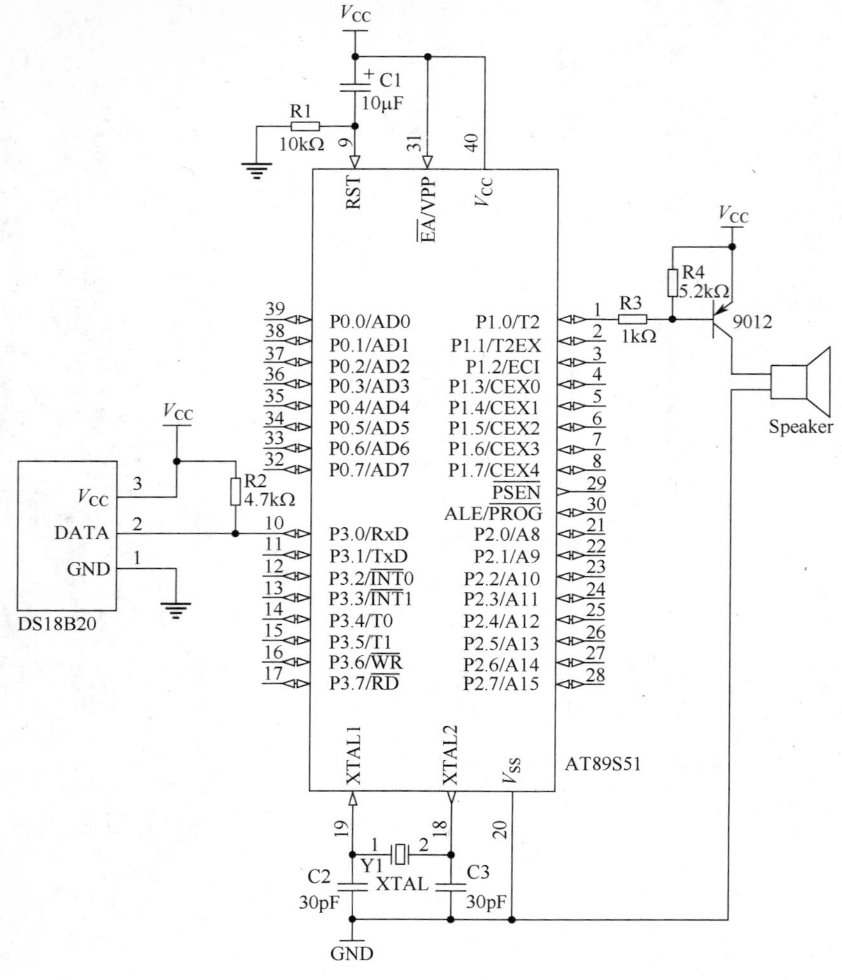

图 9-3-1　温度报警器电路

2. 工作原理

该电路采用了 DS18B20 温度采集芯片，该元件将采集的温度输送到单片机的 P3.0 口。通过单片机的程序控制，判断当前的温度。单片机的 P1.0 口输出信号，控制蜂鸣器发出声音。根据使用场合的不同，可以通过程序设置报警的温度范围。

三、实训设备和工具

1. 电路制作和调试工具

直流可调稳压电源、数字式万用表、双踪示波器、电烙铁。

2. 编程设备

带有 KEIL 和 PROGISP 软件的计算机，如 AT89S51 编程器。

3. 元器件清单

元器件清单表如表 9-3-1 所示。

表 9-3-1　元器件清单表

序号	元器件名称	说明	序号	元器件名称	说明
1	电阻器 R1	阻值为 2kΩ	8	万用板	也可用 PCB 板
2	电容器 C1	可选用 18～33PF 的瓷片电容器	9	蜂鸣器 speaker	无源蜂鸣器
3	电容器 C2	同 C1	10	电阻 R2	阻值为 4.7kΩ
4	电容器 C3	可选用 20～30μF 的电解电容器	11	电阻 R3	阻值为 1kΩ
5	晶振 X1	中心频率为 12MHz 的直插式石英晶体振荡器	12	电阻 R4	阻值为 5.2kΩ
6	复位开关 S1	不带自锁的按钮开关	11	三极管 VT	PNP 型三极管
7	单片机芯片	AT89S51 芯片及插座	12	DS18B20	温度传感器

四、实训内容与实训步骤

（1）按图 9-3-1 所示完成电路安装。
（2）编写程序。
（3）将程序烧录单片机。
（4）将单片机安装到电路板上，接上电源，让 DS18B20 达到报警的温度范围。
（5）使用示波器观察 P1.0 口的输出波形。记录在表 9-3-2 中。

表 9-3-2　单片机输出电压波形

	蜂鸣器未响	蜂鸣器响
电压波形		

五、实训注意事项

（1）实训前必须充分理解实训电路的工作原理，便于寻找故障。
（2）在开始使用直流稳压电源时，要将输出电压调至最低，待接好线后，再逐步将电压增至规定值。
（3）给温度传感器加热时，注意不要损坏其他线路。
（4）要使用无源蜂鸣器。
（5）在连接和改接连线时必须在关闭总电源情况下进行。

六、实训报告要求

（1）写出程序并画出编程流程图。
（2）记录温度报警器的温度检测范围。
（3）画出输出波形，叙述无源蜂鸣器发声的条件。

（4）写出电路调试和程序修改过程。

七、参考程序

参考程序如下。

```
#include <REG51.H>
#include <intrins.h>
sbit DQ =P3^0;
sbit beep =P1^0;
Init_DS18B20(void);
ReadOneChar(void);
WriteOneChar(uchar dat);
ReadTemperature(void);
void InitTIMER(void)
{
 TMOD=0x10;
 TH1=(65536-50000)/256;
 TL1=(65536-50000)%256;
 TR1=1;
 EA=1;
}
void OperateRelay(void)
{
float tempfloat;
tempfloat=(float)( ReadTemperature() )/10.0;
if (tempfloat>55.0)
    {
    State=1;
    }
else
    {
    if (tempfloat>45.0)
        {
        State=2;
        }
    else
        {
        State=3;        //温度过低
        }
    }
if ( (State==2)&(RePut==1) )
    {
    ET1=1;              //温度处于45℃至55℃之间时，启动定时器/计数器T1
    if(num>=10)         //定时10秒
     {
      num=0;
      ET1=0;            //关定时器/计数器T1
     }
     RePut=0;
```

```
    }
if (State==3)
    {
    RePut=1;
    }
}
main()
{
    RePut=1;
    InitTIMER();
    while(1)
    {
    OperateRelay();
    }
}
void time1() interrupt 3 using 3     //定时器中断子函数
{
   t++;
   if (t>=20)
     {
      t=0;
      num++;
     }
   TH1=(65536-50000)/256;
   TL1=(65536-50000)%256;
   beep=~beep;
}

//////////////////以下是DS18B20驱动程序////////////////
//延时函数
void delay(unsigned int i)
{
    while(i--);
}
//初始化函数
Init_DS18B20(void)
{
    unsigned char x=0;
    DQ = 1;             //DQ复位
    delay(8);           //稍做延时
    DQ = 0;             //单片机将DQ拉低
    delay(80);          //精确延时 大于 480μs
    DQ = 1;             //拉高总线
    delay(14);
    x=DQ;               //稍做延时后 如果x=0则初始化成功，如果x=1则初始化失败
    delay(20);
}
//读一个字节
ReadOneChar(void)
```

```
{
    unsigned char i=0;
    unsigned char dat = 0;
    for (i=8;i>0;i--){
        DQ = 0; // 给脉冲信号
        dat>>=1;
        DQ = 1; // 给脉冲信号
        if(DQ)  dat|=0x80;
        delay(4);
        }
    return(dat);
}
//写一个字节
WriteOneChar(unsigned char dat)
{
    unsigned char i=0;
    for (i=8; i>0; i--){
        DQ = 0;
        DQ = dat&0x01;
        delay(5);
        DQ = 1;
        dat>>=1;
        }
}
//读取温度
ReadTemperature(void)
{
    unsigned char a=0;
    unsigned char b=0;
    unsigned int t=0;
    float tt=0;
    Init_DS18B20();
    WriteOneChar(0xCC);   // 跳过读序号列号的操作
    WriteOneChar(0x44);   // 启动温度转换
    Init_DS18B20();
    WriteOneChar(0xCC);   //跳过读序号列号的操作
    WriteOneChar(0xBE);   //读取温度寄存器等（共可读9个寄存器），前两个就是温度
    a=ReadOneChar();
    b=ReadOneChar();
    t=b;
    t<<=8;
    t=t|a;
    tt=t*0.0625;          //将温度的高位与低位合并
    t= tt*10+0.5;         //对结果进行四舍五入
    return(t);
}
//////////////////以上是DS18B20驱动程序////////////////
```